Deepen Your Mind

前言

隨著軟體複雜度的增加和使用者規模的增長，分散式系統獲得了廣泛應用。對於軟體開發者而言，掌握分散式系統的相關知識是十分必要的。

但分散式系統包括理論、實踐、專案等多方面內容。這些內容往往交織穿插在一起，給軟體開發者的學習帶來了不少困難，讓許多軟體開發者在學習過程中感到混亂和迷茫。

為了幫助讀者學習分散式系統，本書對分散式系統的相關理論、實踐、專案知識進行了詳細的介紹，理論聯繫實踐、實踐結合專案，層層漸進，力求讓讀者知其然並知其所以然，建立完整的分散式系統知識系統。

本書共分為 4 篇，13 章。

理論篇（第 1 章～第 4 章）介紹了分散式系統的概念，並討論了分散式系統的優缺點及需要面對的問題。然後，從這些問題入手，討論了一致性、共識、分散式約束等重要理論知識。該篇內容將為後續的實踐篇、專案篇提供清晰、明確的理論指引。

實踐篇（第 5 章～第 9 章）介紹了分散式鎖、分散式交易、服務發現與呼叫、服務保護與閘道、冪等介面等知識，介紹了理論篇所述的內容如何具體實施。讀者透過該篇內容的學習，會了解許多架構思想和實踐技巧。

專案篇（第 10 章～第 12 章）以架設具體的專案為導向，介紹了分散式系統中介軟體。其中，著重介紹了訊息系統中介軟體 RabbitMQ 和分散式協調中介軟體 ZooKeeper。該篇與理論篇、實踐篇相呼應，但更加接近專案實作，可以直接將其中的內容作為專案開發時的參考資料。

複習篇（第 13 章）對前面 3 篇的內容進行了整理，幫助讀者釐清分散式系統的知識脈絡。

本書是一本說明分散式系統理論、實踐、專案知識的書籍，更是一本幫助建立完整的分散式系統知識系統的書籍。

本書內容的涵蓋範圍很廣，包括數學、演算法、架構、程式設計、中介軟體等多個領域。在本書的籌備過程中，作者閱讀了許多書籍、查閱了許多論文，前後歷時近兩年。在本書寫作過程中，為確保內容簡單易懂，作者多次斟酌和修改了行文脈絡。在本書完稿後，為保證內容的充實可靠，作者邀請了國內外學術、專案領域的多位專家、學者對本書的數學、演算法等內容進行了審稿。其中，周健博士等人從各自的專業領域出發，提出了很多寶貴的意見和建議。

本書的出版還獲得了李冰編輯的大力支持。崔寶順等人也參與寫作並提供了大量幫助。

由於作者水準有限，書中難免有疏漏之處，敬請讀者批評指正。真心希望本書能夠給讀者帶來架構能力和軟體開發能力的提升。

易哥

目錄

Part 1 理論篇

Chapter 01 分散式概述

Chapter 02 一致性

Chapter **03** 共識

Chapter *04* 分散式約束

Part 2 實踐篇

Chapter 05 分散式鎖

Chapter 06 分散式交易

Chapter **07** 服務發現與呼叫

Chapter **08** 服務保護與閘道

Chapter **09** 冪等介面

Part 3　專案篇

Chapter 10　分散式中介軟體概述

Chapter 11　RabbitMQ 詳解

Chapter **12** ZooKeeper 詳解

Contents

Part 4 複習篇

Chapter **13** 再論分散式系統

Appendix **A** 參考文獻

Part 1
理論篇

Chapter

01

分散式概述

本章主要內容

▶ 應用結構的演進歷程
▶ 分散式系統的判斷標準與分類
▶ 分散式系統的優勢和面臨的問題

在軟體開發的過程中,我們越來越頻繁地接觸到「分散式系統」這一概念。在這一章中,我們將從應用結構的演進歷程談起,分析分散式系統是如何產生的,並列出判斷系統是否為分散式系統的依據。我們還會進一步分析分散式系統的優勢和面臨的問題,為後續各章內容的展開做好鋪陳。

1.1 概述

隨著軟體規模、性能要求的不斷提升，分散式系統得到快速發展。分散式系統透過許多低成本節點的協作來完成原本需要龐大單體應用才能實現的功能，在降低硬體成本的基礎上，提升了軟體的可靠性、擴充性、靈活性。

然而，分散式系統在帶來上述優點的同時，也帶來了許多技術問題。

首先，分散式系統的架構和實現需要許多分散式理論和演算法作為基礎，如 CAP 定理、BASE 定理、Paxos 演算法、兩階段提交演算法、三階段提交演算法等。如果不能了解這些演算法的具體含義，則會給架構和開發工作帶來困擾。

其次，分散式系統的實現依賴大量的技術方案，如分散式鎖、分散式交易、服務發現、服務呼叫、服務保護、服務閘道等。如果對這些技術的具體實施方案和關鍵點了解不透徹，則可能會在專案中引入漏洞。

最後，分散式系統的部署需要依賴許多中介軟體，如訊息系統中介軟體、分散式協調中介軟體等。如果對這些中介軟體的功能和實現原理不清楚，則可能會導致選型和使用上的錯誤，增加應用的開發成本。

可見要想順利完成分散式系統的架構、開發、部署工作，需要對相關理論知識、技術實踐、專案元件都具有全面的了解。本書的寫作目的便是增加軟體架構師和開發者對這些方面的了解，提升大家的架構和開發能力。

本書將從理論到實踐，再從實踐到專案，幫助大家建立完整的分散式系統知識系統。

開展上述討論的前提是弄清楚分散式系統的具體含義。我們經常會說起分散式系統，但卻不了解其明確定義。

學術界對分散式系統的定義並不統一。舉例來說，有的學者將分散式系統定義為「一個其硬體或軟體元件分佈在連網的電腦上，元件之間透過傳遞訊息進行通訊和動作協調的系統」[1]；還有的學者將分散式系統定義為「許多獨立電腦的集合，這些電腦對使用者來說就像是單一相關系統」[2]。顯然，這些定義都可以涵蓋分散式系統，但又過於寬泛和模糊，與軟體開發者日常討論的分散式系統的概念相差甚遠。

工程界對分散式系統的定義也是模糊的。舉例來說，我們會說 ZooKeeper 是分散式系統，也會說微服務系統是分散式系統，但實際上，兩類系統的差別很大（後面我們會詳細分析兩者的差別）。

那我們平時所說的分散式系統到底是什麼，其判斷標準是怎樣的呢？

接下來，我們就要回答上述問題。我們會從應用演化歷程的角度介紹應用如何一步步從單體發展到分散式，然後在此基礎上，列出分散式系統的確切定義。

1.2 應用的演進歷程

本節我們要了解應用如何從單體結構逐漸演變為分散式結構，並詳細介紹演變過程中出現的各種結構的優勢與缺陷。

1.2.1 單體應用

單體應用是最簡單和最純粹的應用形式，它就是部署在一台機器上的單一應用。單體應用中可以包含很多模組，模組之間會互相呼叫。這些呼叫都在應用內展開，十分方便。因此，單體應用是一個高度內聚的個體，其內部各個模組間是高度耦合的。

單體應用的開發、維護、部署成本低廉，適合實現一些功能簡單、併發數低、容量小的應用的開發需求。

當應用的功能變得複雜、併發數不斷增高、容量不斷變大時，單體應用的規模也會不斷擴大。這會帶來以下兩個方面的挑戰。

- 硬體方面。龐大的單體應用需要與之對應的伺服器提供支援，這種伺服器被稱為「大型主機」，其購買、維護費用都極其高昂。
- 軟體方面。單體應用內模組間是高度耦合的，應用規模的增大讓這種耦合變得極為複雜，這使得應用軟體的開發維護變得困難。

因此，當應用的功能足夠複雜、併發數足夠高、容量足夠大時，就需要對單體應用進行拆分，以便於對功能、併發數、容量進行分散。這就演變成了叢集應用。

1.2.2 叢集應用

叢集應用可以對應用的併發數、容量進行分散。叢集應用包含多個同質的應用節點，這些節點組成叢集共同對外提供服務。這裡説的「同質」是指每個應用節點執行同樣的程式、具有同樣的設定，它們像是從一個範本中複製出來的一樣。

為了讓叢集應用中的每個節點都承擔一部分併發數和容量，可以透過反向代理等手段將外界請求分散到應用的多個節點上。叢集應用的結構如圖 1.1 所示。

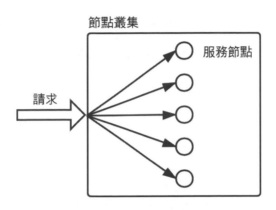

圖 1.1　叢集應用的結構

但叢集應用帶來的最明顯的問題是同一個使用者發出的多個請求可能會落在不同的節點上，打破了服務的連貫性。

舉例來說，使用者發出 R1、R2 兩個請求，且 R2 的執行要依賴 R1 的資訊（如 R1 觸發一個任務，R2 用來查詢任務的執行結果）。如果 R1 和 R2 被分配到不同的節點上，則 R2 的操作可能無法正常執行。

為了解決上述問題，演化出以下幾種叢集方案。

無狀態的節點叢集

無狀態應用是最容易從單體形式擴充到叢集形式的一類應用。對於無狀態應用而言，假設使用者先後發出 R1、R2 兩個請求，則無狀態應用無論是否在之前接收過請求 R1，總對請求 R2 傳回同樣的結果。即無狀態應用列出的任何一個請求的結果都和該應用之前收到的請求無關。

要想讓應用滿足無狀態,必須保證應用的狀態不會因為介面的呼叫而發生變化。查詢介面能滿足這點,舉例來說,對於使用者而言,一個新聞展示應用是無狀態的。

即使是無狀態的節點叢集,也要面對協作問題。平行喚醒問題就是一個典型的協作問題,舉例來說,一個無狀態節點叢集需要在每天淩晨對外發送一封郵件,我們會發現該叢集中的所有節點會在淩晨同時被喚醒並各自發送一封郵件。

我們希望整個節點叢集對外發送一封郵件而非讓每個節點都發送一封郵件。

在這種情況下,可以透過外部請求喚醒來解決無狀態節點叢集的平行喚醒問題。在指定時刻由外部應用發送一個請求給服務叢集觸發任務,該請求最終只會交給一個節點處理,因此實現了獨立喚醒。

無狀態節點叢集設計簡單,可以方便地進行擴充,較少遇到協作問題,但只適合無狀態應用,有很大的局限性。

很多應用是有狀態的,如某個節點接收到外部請求後修改了某物件的屬性,後面的請求再查詢物件屬性時便應該讀取到修改後的結果。如果後面的請求落到了其他節點上,則可能讀取到修改前的結果。這類應用無法擴充為無狀態的節點叢集。

▨ 單一服務的節點叢集

許多服務是有狀態的,使用者的歷史請求在應用中組成了上下文,應用必須結合上下文對使用者的請求進行回覆。舉例來說,在聊天應用中,使用者之前的對話(透過過去的請求實現)便是上下文;在遊戲應用中，使用者之前購買的裝備、晉升的等級（透過過去的請求實現）便是上下文。

有狀態的服務在處理使用者的每個請求時必須讀取和修改使用者的上下文資訊，這在單體應用中是容易實現的，但在節點叢集中，這一切就變得複雜起來。其中一個最簡單的辦法是在節點和使用者之間建立對應關係：

- 任意使用者都有一個對應的節點，該節點上保存該使用者的上下文資訊。
- 某個使用者的請求總落在與之對應的節點上。

使用者與指定節點的對應關係如圖 1.2 所示。其典型特點就是各個節點是完全隔離的。這些節點執行同樣的程式，具有同樣的設定，然而卻保存了不同使用者的上下文資訊，各自服務自身對應的使用者。

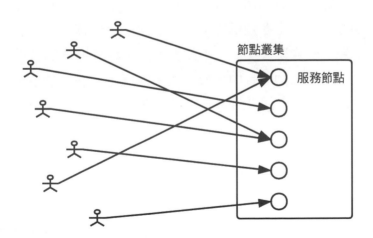

圖 1.2　使用者與指定節點的對應關係

雖然叢集包含多個節點，但是從使用者角度來看，服務某個使用者的始終是同一個節點，因此我們將這種叢集稱為單一服務的節點叢集。

實現單一服務的節點叢集要解決的問題是，如何建立和維護使用者與節點之間的對應關係。具體的實現有很多種，我們列舉常用的幾種。

- 在使用者註冊帳號時由使用者自由選擇節點。很多遊戲服務就採用這種方式，讓使用者自由選擇帳號所在的區。
- 在使用者註冊帳號時根據使用者所處的網路分配節點。一些郵件服務就採用這種方式。
- 在使用者註冊帳號時根據使用者 ID 隨機分配節點。許多聊天應用就採用這種方式。
- 在使用者登入帳號時隨機或使用規則分配節點，然後將分配結果寫入 cookie，接下來根據請求中的 cookie 將使用者請求分配到指定節點。

其中，最後一種方式與前幾種方式略有不同。前幾種方式能保證使用者對應的節點在整個使用者週期內不改變，而最後一種方式則只保證使用者對應的節點在一次階段週期內不改變。最後一種方式適合用在兩次階段之間無上下文關係的場景中，如一些登入應用、許可權應用等，它則只需要維護使用者這次階段內的上下文資訊。

無論採用了哪種方式，使用者的請求都會被路由傳輸到其對應的節點上。根據應用分流方案的不同，該路由操作可以由反向代理、閘道等元件完成。

單一服務的節點叢集能夠解決有狀態服務的問題，但因為各個節點之間是隔離的，無法互相備份。當某個服務節點崩潰時，會使得該節點對應的使用者失去服務。因此，這種設計方案的容錯性比較差。

▨ 共用資訊池的節點叢集

有一種方案既可以解決有狀態服務問題，又可以保證不會因為某個服務節點崩潰而造成對應的使用者失去服務，那就是共用資訊池的節點叢集。在這種叢集中，所有服務節點連接到一個公共的資訊池上，並在這個資訊池中儲存所有使用者的上下文資訊。共用資訊池的節點叢集如圖 1.3 所示。

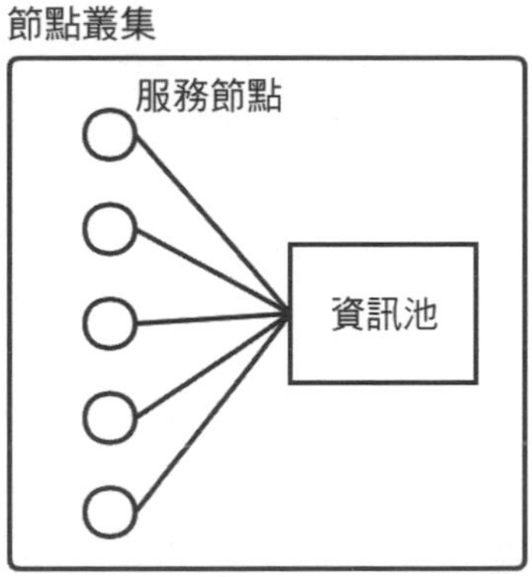

圖 1.3 共用資訊池的節點叢集

共用資訊池的節點叢集是一種常見的將單體應用擴充為多節點應用的方式。通常我們會將服務處理程式在不同的機器上啟動多份，並將它們連接到同一個資訊池，這樣便可以獲得這種形式的叢集。

任何一個節點接收到使用者請求，都會從資訊池中讀取該使用者的上下文資訊，然後進行請求處理。處理結束後，立刻將新的使用者狀態寫回資訊池中。資訊池可以採用傳統資料庫，也可以採用其他新類型資料庫。舉例來說，可以使用 Redis 作為共用記憶體，儲存使用者的 Session 資訊。

在共用資訊池的節點叢集中，每個節點都從同一個資訊池中讀寫資訊，因此對於使用者而言，每個節點都是等值的，使用者的請求落在任意一個節點上都會得到相同的結果。

在這種叢集中，節點之間可以以資訊池進行通訊為基礎，進而開展協作。

舉例來說，要實現獨立喚醒，共用資訊池的節點叢集可以在任務被觸發時，讓每個節點都向資訊池中以同樣的鍵寫入一個不允許覆蓋的資料。顯然只有一個節點能夠寫入成功，則寫入成功的節點獲得執行任務的許可權。

共用資訊池的節點叢集透過增加服務節點，提升了叢集的運算能力、容錯能力。但因為多個節點共用資訊池，受到資訊池容量、讀寫性能的影響，應用在資料儲存容量、資料吞吐能力等方面的提升並不明顯，並且資訊池成了應用中的故障單點。

資訊一致的節點叢集

為了避免資訊池成為整個應用的瓶頸，我們可以建立多個資訊池，在分散資訊池壓力的同時也避免單點故障。

為了繼續保證應用提供有狀態的服務，我們必須確保各個資訊池中的資訊是一致的，這就組成了如圖 1.4 所示的資訊一致的節點叢集。

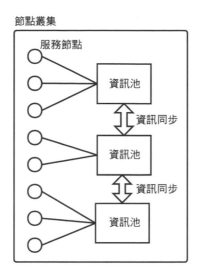

圖 1.4 資訊一致的節點叢集形式（一）

一般來說我們會讓每個節點獨立擁有資訊池，並且將資訊池看作節點的
一部分，即演化為如圖 1.5 所示的形式，這是一種更為常見的形式。

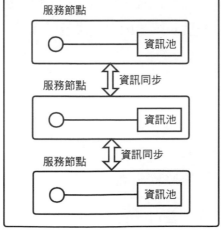

圖 1.5 資訊一致的節點叢集形式（二）

在這種形式的應用中，每個節點都具有獨立的資訊池，保證了節點的容量和讀寫性能。同時，因為各個節點的資訊池中的資料是一致的，任何一個節點當機都不會導致整個應用癱瘓。

應用中的任何一個節點接收到外界變更請求後，都需要將變更同步到所有節點上，這一同步工作的實施成本是巨大的。因此，資訊一致的節點叢集適合用在讀多寫少的場景中。在這種場景中，較少發生節點間的資訊同步，且能充分發揮多個資訊池的吞吐能力優勢。

1.2.3 狹義分散式應用

應用從誕生之初便不斷發展，在這個發展過程中，應用的邊界可能會擴充，應用的功能可能會增加，進而包含越來越多的模組，使應用的規模不斷擴大。

應用規模的擴大會帶來諸多問題。

- 硬體成本提升：應用規模的擴大會增加對 CPU 資源、記憶體資源、I/O 資源的需求，這需要更昂貴的硬體裝置來滿足。

- 應用性能下降：當硬體資源無法滿足許多模組的資源需求時，會引發性能下降。

- 業務邏輯複雜：應用包含了許多功能模組，而每個模組都可能和其他模組存在耦合。應用程式開發者必須了解應用所有模組的業務邏輯才可以進行開發，這給開發者，尤其是團隊的新開發者帶來了挑戰。

- 變更維護複雜：應用的任何一個微小的變動與升級都必須重新部署整個應用，隨之而來的還有各種回歸測試等工作。

■ 可靠性變差：任何一個功能模組的異常都可能導致整個應用不可用，眾多的應用模組又使得應用很難在短時間內恢復。

以上這些問題都不能透過將單體應用擴充為叢集應用的方式來解決。因為叢集應用只能減少應用的併發數和容量，並不能縮減應用自身的規模。

為了解決以上問題，我們可以將單體應用拆分成為多個子應用，讓每個子應用部署到單獨的機器上，然後讓這些子應用共同協作完成原有單體應用的功能。這時，單體應用變成了狹義分散式應用，如圖 1.6 所示。

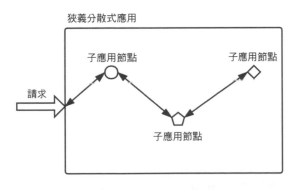

圖 1.6　狹義分散式應用

我們將其稱為狹義分散式應用，是為了和 1.3.1 節中討論的概念進行區分。

與叢集應用不同，狹義分散式應用中的不同節點上可能執行著不同的應用程式，因此各個節點是異質的。

透過將單體應用拆分為子應用，狹義分散式應用既能將原本集中在一個應用 / 機器上的壓力分散到多個應用 / 機器上，又便於單體應用內部模組之間的解耦，使得這些子應用可以獨立地開發、部署、升級、維護。

在實際生產中，建議優先對大的單體應用進行拆分，將其拆分為狹義分散式應用，然後再將各個子應用分別擴充為叢集；而非一上來便直接將單體應用擴充為叢集。

當拆分後的狹義分散式應用遇到性能或容量瓶頸時，再有針對性地將併發數過高的子應用隨選擴充為叢集，如圖 1.7 所示。

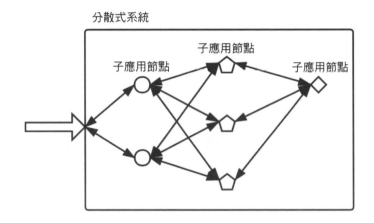

圖 1.7　分散式叢集

這種先拆子應用再擴充叢集的方式，使得每個子應用能夠根據自身所需資源情況進行擴充。舉例來說，有的子應用需要擴充運算能力，有的子應用需要擴充儲存能力；有的子應用需要佈置 3 個節點，有的子應用只需要佈置 1 個節點。這避免了對大的單體應用直接進行擴充所造成的資源浪費，更為合理和高效。

1.2.4 微服務應用

在狹義分散式應用中,子應用存在的目的是完成分散式應用中的部分功能。子應用和應用之間存在嚴格的從屬關係,然而,這種嚴格的從屬關係可能造成資源的浪費。

舉例來説,存在一個應用 A,它包含三個子應用,分別是負責商品訂單管理功能的子應用 A1,負責庫存管理功能的子應用 A2,負責金額核算功能的子應用 A3。當我們需要進行銷售金額核算(包括訂單管理和金額核算)時,需要呼叫應用 A。此時,應用 A 下的子應用 A2 與這次操作請求無關,它是閒置的。這個例子是説,當應用 A 在執行某些操作時,與操作無關的相關子應用是閒置的,無法發揮其性能。

這就相當於商店只提供漢堡、可樂、薯條組成的套餐,而當我們不需要可樂時,購買這種套餐便造成了浪費。避免浪費的辦法是允許自由組合購買。

於是,我們可以在進行銷售金額核算(包括訂單管理和金額核算)時直接呼叫子應用 A1 和子應用 A3,而在進行庫存資產核算(包括庫存管理和金額核算)時直接呼叫子應用 A2 和 A3。這樣,我們不需要在子應用的外部封裝一個應用 A,而是直接讓各個子應用對外提供服務。外部的呼叫者可以根據需要自由地選擇服務,這便組成了微服務應用。

在微服務應用中,每個微服務子應用都是完備的,可獨立對外提供服務,也可以在自由組合後對外提供服務,具有很高的靈活性。圖 1.8 所示為微服務應用。

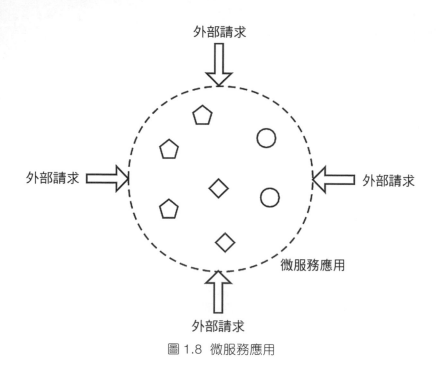

圖 1.8　微服務應用

每個微服務子應用對各類資源的依賴程度是不同的，被呼叫的頻次也是不同的。因此，我們可以針對每個微服務子應用進行資源設定、叢集擴充，從而提升每個微服務子應用的性能、資源使用率、容量。

在單體應用內部，任何一個模組都有可能和其他模組存在耦合。而在微服務應用中，每個微服務的內聚性很高，與其他微服務的耦合度較低。因此，對於某個微服務而言，只要保證對外介面不變，便可以自由修改內部邏輯。這使得每個微服務可由獨立的團隊開發、維護、升級，而不需要了解其他微服務的實現細節。這有利於提升應用的成熟度、可用性、容錯性、可恢復性。

1.3 分散式系統概述

1.3.1 分散式系統的定義

「分散式系統」也常被稱為「分散式應用」，是軟體從業者經常遇到的概念。在本書的討論中，為了與「單體應用」對應，我們也會採用「分散式應用」這一稱呼。它們具體指代什麼呢？本節將對這個問題進行討論。

我們平時所説的「分散式應用」包含 1.2.3 節中所述的狹義分散式應用，但範圍更廣，是一個廣義的概念。

舉例來説，我們會説 ZooKeeper 叢集是一個分散式應用，但是它的內部並沒有拆分子應用，其各個節點執行的程式、設定是完全相同的（節點中 Leader、Follower、Learner 的角色劃分只是程式執行過程中的中間變數）。因此，準確地説，ZooKeeper 叢集是一個由同質節點組成的資訊一致的節點叢集。

舉例來説，我們會説包含訂單服務、庫存服務、支付服務的電子商務應用是一個分散式應用。更準確地説，如果所有服務只能作為應用的一部分聯合起來對外提供服務，那麼這是一個狹義分散式應用；如果每個服務既可以獨立對外提供服務，又可以聯合對外提供服務，那麼這是一個微服務應用。

我們平時所説的「分散式應用」到底指的是什麼呢？判斷一個應用是否為「分散式應用」的依據是什麼呢？

我們在 1.2 節中詳細介紹了應用從單體發展為分散式的過程，以及期間可能產生的各種形式，如圖 1.9 所示。

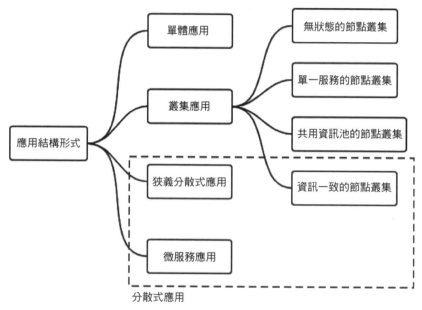

圖 1.9 本書所述的分散式應用的範圍

我們平時所説的「分散式應用」，包含了資訊一致的節點叢集、狹義分散式應用、微服務應用三大類，如圖 1.9 所示。本書要討論的分散式應用也是指這個範圍。

判斷一個應用是否為分散式應用的主要依據是：應用節點是否使用多個一致的資訊池。

在無狀態的節點叢集中，不存在儲存使用者上下文的資訊池；單體應用、共用資訊池的節點叢集中都只存在一個資訊池；單一服務的節點叢集中每個節點都具有一個資訊池，但是它們是各自獨立的，不需要一致變更。因此，以上這些形式的應用都不是分散式應用。

資訊一致的節點叢集、狹義分散式應用、微服務應用中都包含多個資訊池，每個資訊池可以獨立提供資料讀寫能力，但它們又要一致變更。因此，以上幾種形式的應用都是分散式應用。

使用多個一致的資訊池是分散式應用的重要特點，這表示應用需要面臨分散式一致性問題。

1.3.2 分散式一致性問題

分散式一致性要求叢集中某個節點上發生變更並經過一定時間後，能夠從應用中的每一個節點上讀取到這個變更。

我們可以透過如圖 1.10 所示的例子來說明分散式一致性問題。

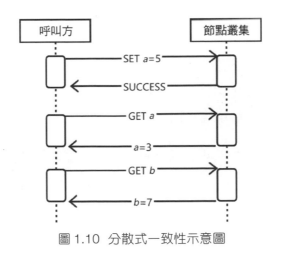

圖 1.10 分散式一致性示意圖

在圖 1.10 中，呼叫方首先將分散式應用的變數 a 的值設定為 5，然後讀取變數 a 的值，結果讀取到變數 a 的值為 3。

這種情況是完全有可能發生的，因為使用者的讀取操作和寫入操作可能存取的是兩個節點，如果節點之間的資訊不同步或同步存在延遲，那麼便會出現這種情況。

如果圖 1.10 中的情況有可能發生，那麼該應用便不滿足一致性（至少不滿足線性一致性，關於一致性的等級劃分將在 2.2 節中介紹）。如果分散式應用不滿足一致性，那麼從應用中讀出的值便是不可信的。舉例來說，某個呼叫方從節點叢集中讀出 $b=7$，其他呼叫方有可能在同一時刻讀出 $b=8$。

如果圖 1.10 中的情況不會發生，即將變數 a 的值設定為 5 後，讀取變數 a 的值恒為 5，那麼該分散式應用便滿足一致性。外部存取者可以和存取一個單體應用一樣存取該分散式應用中的值。

以上範例描述的就是分散式一致性問題。

如果一個應用不需要面臨上述分散式一致性問題，那麼說明它只存在一個資訊池或多個資訊池是獨立的。因此，應用節點使用多個一致的資訊池的另一種表述是：應用需要面臨分散式一致性問題。

如果一個應用要面臨分散式一致性問題，那麼它便是分散式應用。

1.3.3 分散式應用中的節點

我們已經討論清楚，資訊一致的節點叢集、狹義分散式應用、微服務應用都屬於分散式應用。上述三類應用包含的節點可能是同質的，也可能是異質的。因此，分散式應用中的節點可能是同質的，也可能是異質的。分散式應用中的同質節點和異質節點如圖 1.11 所示。

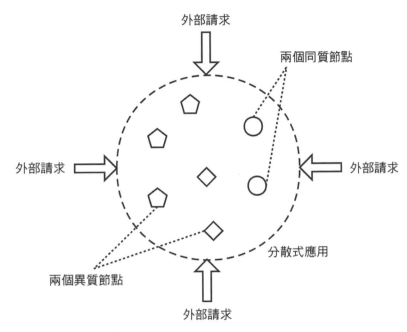

圖 1.11 分散式應用中的同質節點和異質節點

在同質節點組成的分散式應用中,當應用發生變更時,各個資訊池的變更是完全相同的。舉例來説,ZooKeeper 叢集接收到用戶端發來的建立 znode 的請求後,各個節點都需要進行 znode 的建立。

在異質節點組成的分散式應用中,當應用發生變更時,各個資訊池的變更不一定完全相同。舉例來説,一個分散式的電子商務應用接收到購買請求後,訂單服務節點需要建立訂單,而庫存服務節點則要扣減庫存。

但以上這兩種變更都是一致變更。因此,這裡的「一致」是一個比「相同」更廣的概念。

分散式應用接收到外界的變更請求後,其內部節點會進行一致變更,以保證整個應用滿足一致性。同質節點、異質節點會在具體的變更操作上略有不同。在之後的討論中，除非特別說明，我們所述的分散式節點可能是同質的也可能是異質的，不再單獨區分。

1.4 分散式應用的優勢

相比於單體應用，分散式應用具有許多優勢，這也是分散式應用得以廣泛應用的原因。

接下來，我們將對這些優勢介紹。

▨ 降低應用成本

能夠降低應用的實施成本是分散式應用產生和發展的最初動力。

對於單體應用而言，當應用負擔的功能、承載的併發量和資料量逐漸提升時，應用對硬體的要求也逐步提高。這時只能升級應用的硬體設施，即採用運算能力、儲存能力、I/O 能力更強的電腦，這類電腦通常被稱為大型主機。然而，大型主機的購買和維護費用十分高昂。

分散式應用的出現使得單體應用可以被拆分為小應用部署到小型伺服器叢集上，以此來實現高併發、巨量資料、多功能。這大大降低了應用的實施成本。

▨ 增強應用可用性

單體應用存在單點故障風險。應用節點執行出現異常表示整個應用不可用，而分散式應用則避免了這一問題。

分散式應用在工作時由許多節點共同對外提供服務,當其中一個節點出現故障時,其請求會被其他節點分攤。同時,應用可以在執行過程中根據負載情況動態增刪節點,極大地提升了應用的可用性。

▨ 提升應用性能

單體應用所能承載的容量、併發數是有限的,當資料量過大時會產生性能瓶頸。分散式應用可以透過許多節點來分擔容量壓力和併發壓力,有利於提升整個應用的性能。

▨ 降低了開發與維護難度

單體應用中糅合了許多功能模組,這些功能模組互相呼叫、交織耦合在一起,共同組成了一個龐大複雜的整體。任何一個功能模組的升級改造都可能對其他模組造成影響,這增加了開發和維護的難度。

在分散式應用中,所有功能模組都分離開來作為獨立的應用節點存在,實現了模組化。這降低了功能模組之間的耦合度,只要我們維持應用節點的原有對外介面不變,便可以安全地增加新介面或最佳化內部實現。

模組化也為模組重複使用提供了可能。並且各個模組可以採用平行的方式進行開發,提升了開發的效率。

在升級部署時,單體應用需要對整個應用進行重新發佈,分散式應用則只需要重新發佈發生變化的模組化應用,降低了升級部署失敗的風險,提升了應用升級部署的速度。

1.5 分散式應用的問題

分散式應用具有很多優勢,但也給應用架構工作帶來了許多問題。本節我們對這些問題介紹。

在後面的各個章節中,我們將從理論角度了解這些問題產生的原因,並列出解決它們的實踐、專案方案。

分散式一致性問題

分散式一致性問題是分散式應用面臨的最為複雜的問題。

在單體應用中,應用本身只有一個節點,外部的任何變更請求都由該節點直接處理,並在接下來向外列出最新的結果。

在分散式應用中,應用包括多個節點。外部的變更請求會落到應用的某個節點上,隨後,外部的讀取請求可能會落到其他節點上。因此,外部讀取到的可能是一個變更前的結果,即出現了讀寫不一致問題。

為了避免讀寫不一致問題,分散式應用需要及時將一個節點上的變更反映到所有節點上,即實現分散式一致性。然而,實現分散式一致性是一個包括理論、實踐的十分複雜的過程,稍有不慎便會對應用的性能造成影響。

在實現分散式一致性的過程中,要確保各個節點對某次變更達成共識,即所有節點都認可這一變更。這就包括另一個複雜的問題——共識問題。

為了解決分散式一致性問題、共識問題，人們提出了許多演算法。在第 2 章、第 3 章中，我們將詳細介紹分散式一致性問題、共識問題，及其相關的演算法。

▨ 節點發現問題

單體應用只有一個節點，這個節點的位址便是整個應用對外提供服務的位址。因此，提供服務的位址是靜態的。

分散式應用包含許多節點，每一個節點都可以對外提供服務，而且應用叢集會增刪節點，這讓能提供服務的節點變成了一個動態變化的節點集合。我們需要設計一種機制來幫助呼叫方發現分散式應用中的可用節點，即解決節點發現問題。

在第 8 章中，我們會詳細介紹節點發現問題及其解決方案。

▨ 節點呼叫問題

單體應用內部存在模組間的呼叫，這種呼叫發生在應用內，是高頻的，也是低成本、高效的。

應用之間也會存在呼叫，呼叫常以介面實現為基礎。這種呼叫是相對低頻的，也是高成本、低效的。

分散式應用內部的節點之間也會存在呼叫，這種呼叫由單體應用模組間的呼叫演化而來，其呼叫頻率是相對較高的。但是，因為要跨節點，它們之間的呼叫已經無法透過應用的內部呼叫來實現，以介面為基礎的呼叫則成本太高、效率太低。這時需要一種能夠跨節點的、相對低成本和高效的方式來解決節點間的呼叫問題，如圖 1.12 所示。

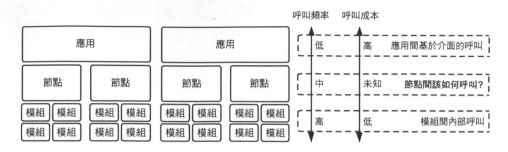

圖 1.12　節點呼叫問題

在第 8 章中，我們會詳細介紹節點呼叫問題及其解決方案。

節點協作問題

單體應用的所有資源均由單一節點呼叫，不需要協作。但在分散式應用中，情況變得複雜起來。

舉例來說，在一個由同質節點組成的分散式應用中，一個定時整理任務只需要應用中的某一個節點執行。但如果不採取特殊的機制進行約束，分散式應用中的各個節點都會在指定時間同時執行任務，進而產生多份整理結果。

由異質節點組成的分散式應用也會面臨類似的問題。舉例來說，分散式應用中的一部分節點作為生產者，另一部分節點作為消費者。只有兩類節點互相協作才能保證應用的生產、消費過程順利展開。

如何讓分散式應用中的各個節點進行協作就是分散式應用面臨的節點協作問題。

在第 5 章、第 7 章中，我們會詳細介紹節點協作問題及其解決方案。

1.6 本章小結

本章首先介紹了應用的演進歷程，介紹了單體應用、叢集應用、狹義分散式應用、微服務應用這四種應用形式，並分析了各個應用形式的特點。

然後本章列出了分散式應用的判斷標準，即分散式應用的各個應用節點要使用多個一致的資訊池，這表示分散式應用要面臨分散式一致性問題。本章還簡介了分散式一致性問題的相關內容。

本章介紹了分散式應用的優勢，分散式應用可以降低應用成本、增強應用可用性、提升應用性能、降低開發與維護難度。本章也介紹了分散式應用面臨的問題，包括分散式一致性問題、節點發現問題、節點呼叫問題、節點協作問題等。

本章是本書的開篇和基礎，後續各章節的討論都在本章劃定的分散式應用範圍內展開，並著重討論如何從理論、實踐、專案等各個層面解決分散式應用面臨的各項問題。

舉例來說，接下來的第 2 ～ 4 章將從理論層面細緻地分析分散式應用面臨的各項問題，以及這些問題的準確定義、相關演算法、解決方案等。

一致性

本章主要內容

▶ 一致性的概念
▶ 常見一致性等級的定義與判定方法
▶ 常用一致性演算法的內容與證明

接觸過分散式系統的開發者對「一致性」這一詞語一定不陌生。然而，「一致性」一詞有多種含義。在本章中，我們將區分「一致性」的兩種常見含義：ACID 一致性和 CAP 一致性。

我們還會詳細討論 CAP 一致性的強弱分類，以及一些常用的一致性演算法。

閱讀本章後，大家將了解分散式系統中常見的一致性等級，並掌握常用的一致性演算法。

2.1 一致性的概念

説起「一致性」，大家都不陌生。隨著分散式、微服務、區塊鏈等技術的發展，「一致性」一詞出現的頻率越來越高。然而，「一致性」這一詞語所代表的概念卻並不唯一。舉例來說，我們常聽到「交易的一致性」「最終一致性」「一致性雜湊」等，它們表述的並不是同一個概念。

在這一節，我們先對「交易的一致性」和「最終一致性」中所述的兩種「一致性」概念進行區分，即 ACID 一致性和 CAP 一致性。

2.1.1 ACID 一致性

我們知道，交易要滿足 ACID 約束，即原子性（Atomicity）、一致性（Consistency）、隔離性（Isolation）、持久性（Durability）。其中的一致性是指交易的執行不會破壞資料的完整性約束，這裡的完整性約束包括資料關係和業務邏輯兩方面。

如圖 2.1 所示，假設完整性約束要求交易執行前後總有變數 A 和變數 B 的和為 10，那麼在圖 2.1 中的交易執行完後，變數 A 和變數 B 依然滿足和為 10。因此，這個交易滿足一致性。

圖 2.1 交易的一致性示意圖

假設完整性約束要求交易執行前後總有變數 B 減去變數 A 的差為 8，那麼在圖 2.1 中的交易便不成立，因為它執行結束後不再滿足變數 B 減去變數 A 的差為 8（6 - 4 ≠ 8），即不滿足一致性。

為了便於表述，我們將這種一致性稱為 ACID 一致性。「交易的一致性」中的「一致性」就是指 ACID 一致性。

 備註

與 ACID 中的其他三個特性相比，一致性確實有些特殊。

原子性、隔離性、持久性均是由交易內在保證的，而一致性的限制條件是由外部業務邏輯規定的。這就表示，同樣的操作，根據外部業務邏輯規定的完整性約束的不同，可能滿足交易要求，也可能不滿足交易要求。

舉例來說，將圖 2.1 所示的完整性約束由「變數 A 和變數 B 的和為 10」修改為「變數 B 減去變數 A 的差為 8」，則上述範例便不再滿足一致性，也不再是交易。

一個固定的操作集合，其是不是交易卻要由外部業務邏輯規定，顯然不是很合理。有鑑於此，有學者懷疑一致性是為了湊數而加到 ACID 約束中的，提議將一致性從 ACID 中剔除。

2.1.2 CAP 一致性

我們所說的「最終一致性」中的「一致性」是說，如果資料備份存放在分散式系統中的不同節點上，在使用者修改了系統中的資料並經過一定時間後，使用者能從系統中讀取到修改後的資料。

或換一種說法，如果使用者在分散式系統的某個節點上進行了變更操作，那麼在一定時間後，使用者能從系統的任意節點上讀取到這個變更結果。

因此，這裡的「一致性」指的是針對分散式系統的各個節點對外的表現是一致的。

舉例來說，在圖 2.2 所示的分散式系統中存在大量的節點。如果設定 $a=5$，這一操作可能落在任意一個節點上（圖中寫入請求落在了節點 A 上），在一定時間後，存取該系統一定能讀到 $a=5$（圖中讀取請求落在了節點 H 上），則說明這個分散式系統滿足一致性。

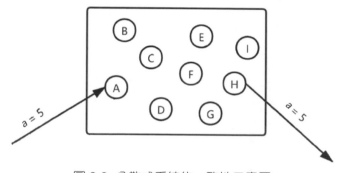

圖 2.2　分散式系統的一致性示意圖

為了便於表述，我們將這種一致性稱為 CAP 一致性。因為這裡的一致性概念和第 4 章所述的 CAP 定理中的一致性概念是相同的。

要注意的是，我們雖然以同質節點進行了舉例，但是 CAP 一致性對異質節點同樣也是成立的。舉例來說，分散式應用中存在異質的訂單處理節點 A 和庫存管理節點 B。如果該分散式應用滿足 CAP 一致性，那麼當我們向訂單處理節點 A 發送生成新訂單的請求，並經過一定時間後，將能從庫存管理節點 B 上讀取到新訂單引發的庫存變化。

2.1.3　兩種一致性的關係

可見，ACID 一致性和 CAP 一致性並不相同。那它們兩者有沒有連結呢？

有，但只發生在一些特殊的場景下。

我們已經知道 ACID 一致性討論的是交易，CAP 一致性討論的是分散式。那麼，在分散式交易中，這兩種一致性會存在交集，如圖 2.3 所示。

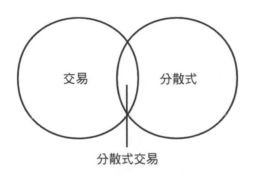

圖 2.3　分散式交易示意圖

假設存在一個支援交易的分散式資料庫。作為資料庫，該分散式資料庫應該滿足 CAP 一致性，否則資料庫中的值沒有意義。如果從資料庫的某個節點中讀取到變數的值為 1，而從資料庫的另一個節點中讀取到同一變數的值為 3，則無法判斷哪個值是正確的。這樣無論值為 1 還是值為 3 都沒有意義。

又因為這個分散式資料庫支援交易，所以它應該滿足 ACID 一致性。

這時候我們發現，CAP 一致性是 ACID 一致性的基礎，即如果 CAP 一致性不成立，則分散式資料庫各個節點的資料不一致且沒有意義，必然無法滿足 ACID 一致性要求的完整性約束。

除了如圖 2.3 所示的情況，CAP 一致性和 ACID 一致性很少有交集。在平時的理論學習和專案實踐中，區分好這兩種一致性概念非常重要，否則很容易陷入疑惑和混沌。

本書討論的是分散式系統，除非特殊説明，接下來我們所述的一致性都是 CAP 一致性。

2.2 一致性的強弱

在介紹一致性的概念時，我們説分散式系統滿足一致性表示使用者透過某個節點修改了資料並經過一定時間後，使用者可以在任意節點上讀取到修改後的資料。

為什麼總要強調「經過一定時間」呢？這個時間到底要多長呢？在這個時間之前讀取又會得到怎樣的結果呢？

解答上述問題需要我們掌握一致性的強弱概念，正是根據一致性強弱的不同，我們把一致性分成了很多類。接下來我們將詳細介紹一致性的強弱和分類。

2.2.1　嚴格一致性

嚴格一致性（Strict Consistency）是説當使用者修改分散式系統中的某個資料時，這個修改會瞬間同步到該系統的所有節點上。實現該一致性是一種極為理想的情況，實際是無法實現的。因為通訊、資訊處理等各個環節都會消耗時間，操作引發的變更不可能瞬間從一個節點傳遞到另一個節點。

在實際生產中，可以將要求放寬，即要求所有同步操作都在一個工作週期內完成，系統只有完成了上一步的操作，才會接收下一步操作。這其實就是將所有操作序列化，會極大影響系統的性能。

由於嚴格一致性過於理想，分散式系統往往不會實現嚴格一致性。

2.2.2　順序一致性

順序一致性（Sequential Consistency）提出了兩個約束：

- 單一節點的所有事件在全域事件歷史上符合程式的先後順序。
- 全域事件歷史在各個節點上一致。

我們可以根據這兩個約束來判斷一個系統是否滿足順序一致性：如果在系統中找不到任何一個符合上述兩個約束的全域事件歷史，則説明該系統一定不滿足順序一致性；如果能找到一個符合上述兩個約束的全域事件歷史，則説明該系統在這段過程內是滿足順序一致性的。

上述兩個約束描述起來可能有些繞口，我們透過範例來解釋説明這兩個約束。

假設分散式系統由 A、B、C 三個節點組成，保存有初值 $x=0$、$y=0$ 的兩個變數。節點上發生 A1、A2、B1 等事件，事件所處的節點和時間順序如圖 2.4 所示。

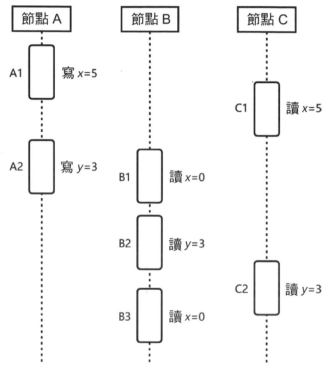

圖 2.4 不滿足順序一致性的系統

事件 B2 讀出 $y=3$ 表示在全域事件歷史中 A2 在 B2 之前（記作 A2 → B2），事件 B3 讀出 $x=0$ 表示在全域事件歷史中 B3 在 A1 之前（記作 A2 → B2，且 B3 → A1），而節點 A 的事件歷史決定了 A1 在 A2 之前（記作 B3 → A1 → A2 → B2），節點 B 的事件歷史決定了 B2 在 B3 之前（記作 B3 → A1 → A2 → B2，且 B2 → B3）。這時發生了矛盾，B3 → A1 → A2 → B2 要求 B3 在 B2 之前，而 B2 → B3 要求 B2 在 B3

之前,於是不存在一個全域事件歷史能夠將事件 A1、A2、B2、B3 排列
起來。所以,如圖 2.4 所示系統不滿足順序一致性。

而如圖 2.5 所示的系統是滿足順序一致性的。因為在該系統中我們能夠
找到多組滿足順序一致性的兩個約束的全域事件歷史,如:

- B1 → B2 → A1 → B3 → A2 → C1 → C2
- B1 → A1 → B2 → B3 → A2 → C1 → C2
- B1 → A1 → C1 → B2 → A2 → C2 → B3

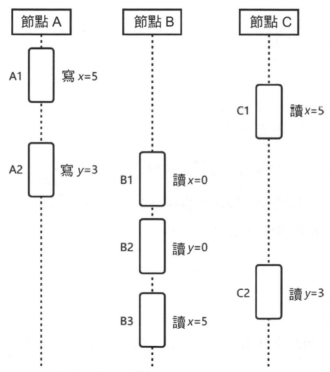

圖 2.5 滿足順序一致性的系統

備註

順序一致性弱於線性一致性。我們將順序一致性放到前面來說明，是因為順序一致性是在 1979 年提出的，而線性一致性是於 1987 年在順序一致性的基礎上增加了約束得來的。所以說，從推導和了解的邏輯上看，順序一致性是線性一致性的基礎。

順序一致性的提出者是萊斯利‧蘭伯特（Leslie Lamport），他在分散式領域的建樹頗豐，在後面的章節中我們還會介紹到他的一些理論。

2.2.3 線性一致性

線性一致性（Linearizability）又稱為原子一致性（Atomic Consistency），通常是分散式系統的最高追求。除非特別說明，在不加限定的情況下，我們所說的一致性便是指線性一致性。

線性一致性在順序一致性的基礎上增加了一個約束：

- 如果事件 A 的開始時間晚於事件 B 的結束時間，則在全域事件歷史中，事件 B 在事件 A 之前。

有了這一約束之後，我們就可以發現圖 2.5 中所示的滿足順序一致性的系統不滿足線性一致性。因為根據線性一致性新增的約束，事件 B1 的開始時間晚於事件 A1 的結束時間，在全域事件歷史中，事件 A1 要在事件 B1 之前。但是事件 B1 卻沒有讀到事件 A1 的操作結果，這顯然是相悖的。

同樣地，事件 A2 要在事件 B2 之前，但事件 B2 卻沒有讀到事件 A2 的結果，這裡是相悖的；事件 C1 要在事件 B1 之前，事件 C1 讀到了事件 A1 的結果，但事件 B1 卻沒有讀到事件 A1 的結果，這裡也是相悖的。

在時序圖中，越往下代表時間越晚。透過時序圖我們可以清楚地知道各個節點中事件在全域的先後順序。

然而，時序圖實際上是全域角度。在節點程式的執行中，每個節點都只知道自身事件的先後順序（如事件 A1 在事件 A2 之前），但是不知道節點間事件的先後順序（如事件 A1 到底是在事件 B2 之前還是事件 B2 之後）。

線性一致性要求節點間事件滿足全域先後順序的約束，這就要求分散式系統必須協調出一個全域同步的時鐘。這一全域同步時鐘不要求絕對精準，只要求能區分出事件的先後順序即可。即使如此，這也是一個成本很高的工作。因此，線性一致性新增加的約束是一個很強的約束。

全域鎖（如第 5 章要介紹的分散式鎖）就是一個常用的全域同步時鐘。全域鎖將全域時間分割為鎖存在前、鎖存在中、鎖釋放後三個階段。這三個階段的先後關係是絕對成立的。有鑑於此，便可以實現事件先後順序的區分。

如圖 2.6 所示，假設我們為事件 B1 增加全域鎖，則事件 A1、A2、C1 發生在鎖存在前，一定在事件 B1 之前；事件 C2 發生在鎖釋放後，一定在事件 B1 之後。這樣，便確定了事件 B1 在全域中的位置為晚於事件 A1、A2、C1，且早於事件 C2。

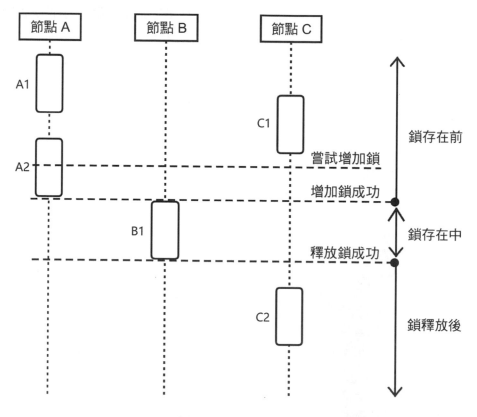

圖 2.6 全域鎖的作用

線性一致性透過「事件 A 的開始時間晚於事件 B 的結束時間」這樣的描述增加了對節點間先後事件的限制，但沒有對併發事件進行限制。在圖 2.7 中，事件 A1 和事件 C1 是併發的，因此事件 C1 無論讀出的是 $x=5$ 還是 $x=0$，都不違反線性一致性約束。

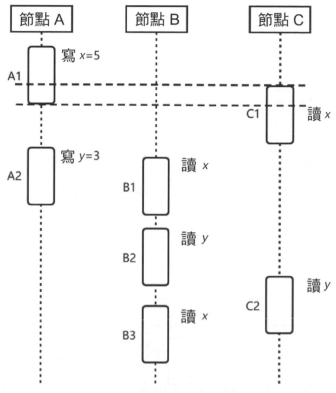

圖 2.7 事件的併發示意圖

可是，什麼樣的系統能做到線性一致性呢？

為了實現線性一致性，需要將資料的變更操作和同步操作整合成一個整體，不允許外界讀取一個已經變更但尚未完全同步的資料。

簡單來說，我們可以替每個操作都增加全域鎖，從而使得全域序列化，保證系統滿足線性一致性要求，如圖 2.8 所示。

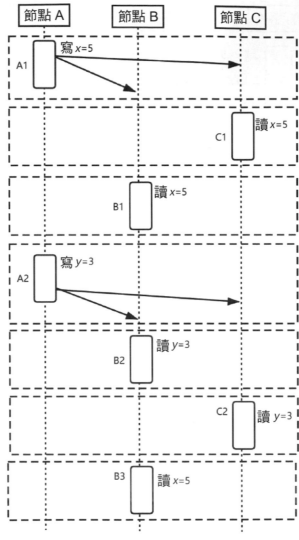

圖 2.8　系統內部節點同步示意圖

但全域序列化對系統併發性能的損耗太大，因此在實踐中很少被使用。
在實踐中，存在許多效率更高的滿足線性一致性的演算法，我們會在
2.3 節對這些演算法介紹。

2.2.4 最終一致性

最終一致性（Eventually Consistency）是說如果更新了系統中的某個資料後不再進行任何其他操作，那麼在節點間通訊正常的情況下，等待有限的時間後，這個資料可以被穩定讀出。

從控制論的角度來分析，滿足最終一致性的系統是一個收斂的系統，系統的狀態會收斂到最後一次操作結束後的狀態上。

> **備註**
>
> 根據使用場景的不同，還會有一些其他的一致性等級，如因果一致性、階段一致性、單調讀取一致性、單調寫入一致性等。
>
> 但本書不包括這些一致性等級，因此不多作說明。留給感興趣的讀者繼續探索。

2.2.5 複習

為了便於大家對上述幾個一致性等級的了解，我們透過圖 2.9 展示了常見一致性等級的強弱關係。

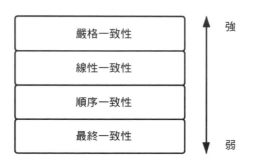

圖 2.9 常見一致性等級的強弱關係

擴充閱讀

強一致性和弱一致性

在平時的討論中，我們還常聽説強一致性和弱一致性的概念。也有資料列出哪些等級的一致性屬於強一致性、哪些等級的一致性屬於弱一致性的結論。

但我們要了解，「強」和「弱」代表的是一致性程度的傾向，而非確定的範圍。

舉例來説，嚴格一致性、線性一致性都很強，將其歸為強一致性沒有問題。又如，最終一致性很弱，將其歸為弱一致性也沒有問題。可順序一致性應該歸為哪一類呢？

有資料將順序一致性歸為強一致性，也有資料將順序一致性歸為弱一致性。但是雙方都無法列出明確的證據。

況且，還有因果一致性、階段一致性、單調讀取一致性、單調寫入一致性等許多一致性等級需要歸類。

就像我們形容空調溫度設定值的高低。50℃可以歸為高，0℃可以歸為低。但25℃歸為高還是低就很難確定了，而且，確定清楚這一點也沒有太大意義。

同樣地，明確強一致性包含什麼、弱一致性包含什麼也並沒有太大意義。在平時的討論中，我們需要將強一致性、弱一致性了解為一種傾向，而非確定的範圍。

在本書的討論中，除非表達傾向，否則我們會使用確定的一致性等級。

2.3 一致性演算法

在這一節中，我們將討論一個問題：怎樣才能在一個分散式系統中實現一致性？

假設分散式系統中存在如圖 2.10 所示的多個節點，其中節點 A 收到了資料變更請求。如果要讓系統滿足一致性，那麼節點 A 在完成自身資料變更的同時必須協調其他節點完成資料變更。在這種情況下，我們將發起操作的節點稱為協調者（Coordinator），將接受操作的節點稱為參與者（Participants）。在圖 2.10 中，節點 A 是協調者，節點 B 和節點 C 是參與者。

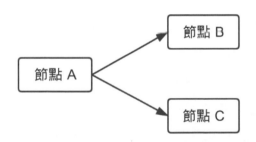

圖 2.10　一致性操作中的角色劃分

具體實現似乎很簡單，作為協調者的節點 A 只要在更新自身資料的同時將變更通知發送給各個參與者，參與者收到協調者的變更通知後，各自完成自身變更即可，如圖 2.11 所示。這樣，使用者再從系統中讀取該資料時，無論讀取請求落在哪個節點上，讀取到的結果都是一致的，系統便滿足了一致性。

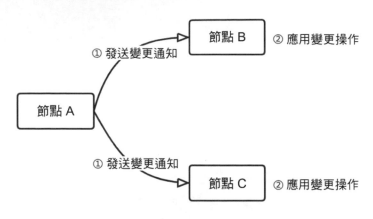

圖 2.11 節點間的一致性操作

可在實際應用中並沒有這麼理想：協調者和參與者之間的通訊可能不可靠，參與者也可能因為各種原因導致更新失敗。於是使用者便可能從叢集中讀取到不一致的結果，這樣系統的一致性便被打破。

類比後面要介紹的兩階段提交和三階段提交，我們可以將如圖 2.11 所示的操作稱為一階段提交，因為整個一致性操作過程中只有一個階段。顯然我們設計的一階段提交並不能極佳地實現一致性操作。接下來，我們要學習的就是一些更好的、更實用的一致性演算法。

下面各種一致性演算法能夠實現的一致性都是指線性一致性。而弱一致性演算法，如最終一致性演算法，是在線性一致性的基礎上放寬約束實現的。在 4.4 節我們會介紹實現最終一致性的相關方案。

2.4 兩階段提交

兩階段提交（Two-Phase Commit，2PC）是一種比較簡單的一致性演算法（或協定）。它將整個提交過程分成準備（Prepare）、提交（Commit）兩個階段。

2.4.1 具體實現

準備階段可以細分成以下的操作步驟。

（1）協調者給參與者發送 "Prepare" 訊息，"Prepare" 訊息中包含此次更新要進行的所有操作，然後協調者等待各個參與者的回應。

（2）參與者收到 "Prepare" 訊息後，將訊息中的操作封裝為一個交易並執行，但不提交。

（3）參與者在執行交易的過程中如果遇到任何問題導致交易中的操作無法完成，則向協調者回覆 "No" 訊息；如果交易中的操作能夠完成，則向協調者回覆 "Yes" 訊息。

經過準備階段，所有參與者已經嘗試完成了所有操作，並把自身能否完成操作的結果回覆給協調者，但是並沒有提交操作。接下來，便進入了第二個階段——提交階段。

在提交階段，協調者會根據收集的各個參與者的回覆，而執行不同的操作。

如果協調者收到了所有參與者的 "Yes" 訊息，則進行以下操作。

（1）協調者向參與者發送 "Commit" 訊息。

（2）參與者收到 "Commit" 訊息後，提交在準備階段已經完成但尚未提交的交易。

（3）參與者向協調者發送 "Done" 訊息。

（4）協調者收到所有參與者的 "Done" 訊息，表示該一致性操作以成功的形式結束。

如果協調者在一定時間內沒有收齊所有參與者的訊息，或收到的訊息中有 "No" 訊息，則進行以下操作。

（1）協調者向參與者發送 "Rollback" 訊息。

（2）參與者收到 "Rollback" 訊息後，回覆在準備階段已經完成但尚未提交的交易。

（3）參與者向協調者發送 "Done" 訊息。

（4）協調者收到所有參與者的 "Done" 訊息，表示該一致性操作以回覆的形式結束。

可見，在提交階段，無論是 "Commit" 還是 "Rollback"，整個一致性操作都能結束。

圖 2.12 展示了兩階段提交的訊息流。其中，圖 2.12 左側部分表示一致性操作成功的訊息流；圖 2.12 右側部分表示因部分參與者回覆 "No" 訊息導致的一致性操作失敗的訊息流。

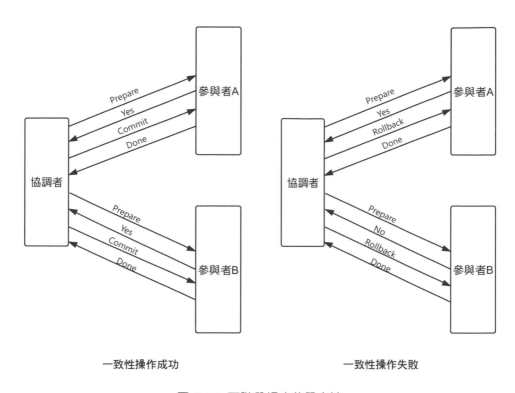

一致性操作成功 　　　　　　　　　　一致性操作失敗

圖 2.12　兩階段提交的訊息流

在上述過程中，協調者可以是一個專門造成協調作用而不參與一致性操作的節點，也可以是一個參與一致性操作的節點。如果協調者是一個參與一致性操作的節點，那麼它也要將操作封裝成交易執行、回覆 "No" 訊息或 "Yes" 訊息、提交或回覆交易等。

2.4.2　線性一致性證明

兩階段提交可以實現線性一致性，下面我們證明這一點。

在證明之前,我們要知道,在現實環境中,考慮到網路延遲、節點處理速度等的不同,存在以下不確定因素:

- 各個節點收到 "Prepare" 訊息並建立交易是有先後順序的。
- 各個節點收到 "Commit" 訊息並提交交易是有先後順序的。

但無論如何,在一次成功的兩階段提交操作中一定存在一個全域鎖時段。這一時段從準備階段的最後一個 "Yes" 訊息發出開始,到提交階段的第一個 "Commit" 訊息被接收結束。在這一時段中,所有的節點都已經建立交易但未提交交易。

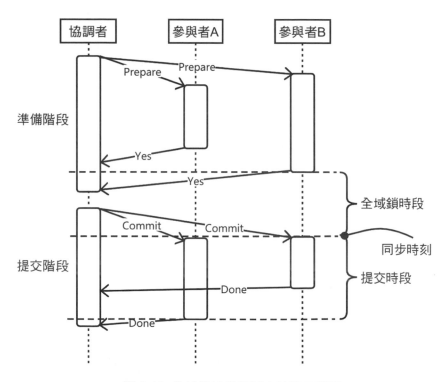

圖 2.13 全域鎖時段與提交時段示意圖

在全域鎖時段之後是提交時段，這一時段從提交階段的第一個 "Commit" 訊息被接收開始，到提交階段的最後一個 "Done" 訊息發出為止。在這一時段中，各個節點陸續完成交易的提交，如圖 2.13 所示。

這裡我們假設參與者開啟交易和發出 "Yes" 訊息是同時進行的，參與者收到 "Commit" 訊息和提交交易也是同時進行的。實際情況下可能並非如此，但這不會影響最終的結論。

在全域鎖時段和提交時段之間存在一個同步時刻。同步時刻在全域事件歷史中的位置是確定的，且這一時刻具有以下特點：

- 除當前的兩階段提交操作外，沒有其他操作正在叢集中開展。全域鎖時段中在各個節點建立的鎖可以共同保證這一點。
- 對於任何一個節點而言，該時刻之後進行的第一個操作一定是當前兩階段提交操作。

於是，我們可以等值地認為兩階段提交操作引發的變更就是在同步時刻發生的。這樣，兩階段提交操作在全域事件歷史中的位置就被確定下來了。因此，任何透過兩階段提交操作開展的事件都可以唯一地映射到全域事件歷史中，這樣的操作顯然可以保證線性一致性。

接下來，我們從一個更巨觀的角度來了解這一過程。

在圖 2.14 中，節點 A 作為協調者透過操作 A2 發起了一次兩階段提交，並觸發了參與者節點 B 的操作 B2 和節點 C 的操作 C1，即操作 A2、B2、C1 共同組成了一次兩階段提交，我們將這次兩階段提交操作記為 F。

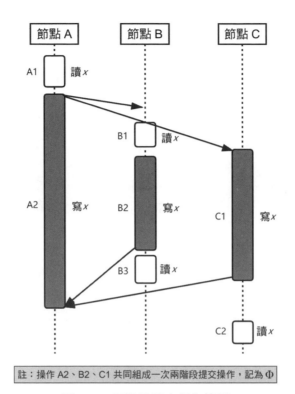

圖 2.14 兩階段提交操作範例

可以看出，兩階段提交事件 F 和另外的事件 B1、B3 是併發的。我們可以列出線性一致性要求的全域事件歷史：

- A1 → F、B1、B3 → C2

根據線性一致性的約束，事件 A1 發生在事件 Φ 之前，讀到的變數 x 必須為舊值；事件 C2 發生在事件 Φ 之後，讀到的變數 x 必須為新值。顯然在兩階段提交中這二者都是滿足的。

線性一致性要求單一節點的事件歷史在全域事件歷史上符合程式的先後順序，但是對於併發事件沒有約束。因此，關於事件 B1、B3 讀取變數 x 的操作存在以下幾種情況，且都不違背線性一致性的所有約束。

- 事件 B1 和事件 B3 都讀到事件 F 變更前的舊值。
- 事件 B1 讀到事件 F 變更前的舊值、事件 B3 讀到事件 F 變更後的新值。
- 事件 B1 和事件 B3 都讀到事件 F 變更後的新值。

進一步，我們可以把兩階段提交操作 F 的細節標注出來，如圖 2.15 所示。

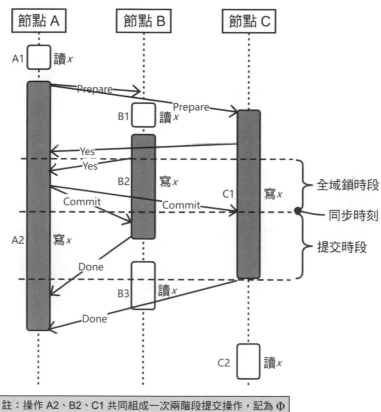

圖 2.15　兩階段提交操作細節範例

這時我們可以得出結論：

- 在同步時刻，一定不會發生讀取變數 x 的操作。
- 在同步時刻之前，讀到的變數 x 一定是舊值。
- 在同步時刻之後，讀到的變數 x 一定是新值。

上述兩階段提交細節是我們臆想繪製出來的。在實際的兩階段提交操作中，同步時刻在兩階段提交中的具體位置難以確定。因此，兩階段提交不對併發事件給予保證。但我們知道，一定存在一個同步時刻，將兩階段提交映射到全域事件歷史上。這個時刻可能在事件 B1 之前，也可能在事件 B1 和事件 B3 之間，還可能在事件 B3 之後，如圖 2.16 所示。

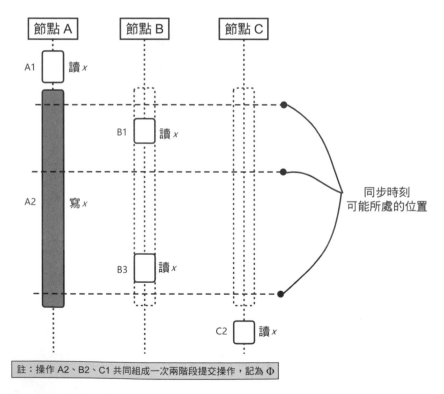

圖 2.16 同步時刻可能所處的位置示意圖

本質上，兩階段提交透過替各個節點同時增加全域鎖實現了一個全域同步的時鐘，這個時鐘並不能用來記錄時間的長短，但足以標定出兩階段提交在全域事件歷史中的位置，藉此實現了線性一致性。當然，實現這一全域同步時鐘的代價也是很高的，它直接導致了所有節點的阻塞，影響了分散式系統的併發性。

2.4.3 優劣

兩階段提交的操作步驟比較簡單，但也有幾個明顯的問題。

首先，兩階段提交存在同步阻塞問題。參與者收到協調者發出的 "Prepare" 訊息後，會開啟交易完成訊息中的操作。交易的開啟表示參與者的併發處理能力將受到很大的影響。而且，參與者不是一個節點而是一群節點，所以整個系統中的節點都會因為交易的開啟而阻塞。這個過程可能很長，要等待協調者收集完參與者的訊息並進一步發佈訊息後，該過程才能結束。

其次，兩階段提交高度依賴協調者發出的訊息，因此存在單點故障。如果協調者在兩階段提交的過程中出現問題，則會導致系統失控。尤其是在準備階段開始後、提交階段開始前，如果此時協調者當機，則會導致已經開啟了交易的各個參與者既不能收到 "Commit" 訊息，也不能收到 "Rollback" 訊息。這樣交易會無法結束，從而造成系統全域阻塞。

再次，兩階段提交其實設定了一個假設：如果參與者能夠收到和正常回覆 "Prepare" 訊息，那麼它應該也能正常收到 "Commit" 訊息或 "Rollback" 訊息。一般來說這個假設是成立的。但是，再小的機率也有可能發生，尤其是在高併發和多節點的情況下。一旦因為網路抖動導致部分參與者無法收到 "Commit" 訊息，則會出現一部分參與者提交了交易，另一部分參與者未提交交易這種不一致的情況。

最後，兩階段提交存在狀態遺失問題。如果協調者在發出 "Commit" 訊息或 "Rollback" 訊息後當機，一部分參與者收到了這筆訊息後提交交易或回覆了交易，另一部分參與者沒有收到這筆訊息。那麼，即使重新選列出一個新的協調者，新的協調者也無法確定各個參與者到底處在哪個狀態。

為了解決兩階段提交的缺陷，出現了三階段提交。

2.5 三階段提交

三階段提交（Three-Phase Commit，3PC）是對兩階段提交的改進，它修復了兩階段提交的一些缺陷，但也使整個一致性操作過程多出了一個階段，變得更為複雜。此外，三階段提交還引入了一些逾時機制，以便節點在失去或部分失去與外界的聯絡時進行一些操作。

三階段提交一共分為三個階段：CanCommit 階段、PreCommit 階段、DoCommit 階段。

2.5.1 具體實現

CanCommit 階段可以細分為以下步驟：

（1）協調者向參與者發送 "CanCommit" 訊息，詢問參與者能否完成訊息中的操作，然後協調者等待各個參與者的回應。

（2）參與者接收到 "CanCommit" 訊息後，判斷自身是否能順利完成操作。如果自身可以完成操作，則向協調者回覆 "Yes" 訊息；如果自身不可以完成操作，則向協調者回覆 "No" 訊息。

在 CanCommit 階段，協調者和參與者只是就能否完成操作進行了交流，並沒有進行實際工作。接下來進入 PreCommit 階段。

PreCommit 階段的操作根據協調者收到參與者的回饋不同而不同。如果協調者收到了所有參與者的 "Yes" 訊息，則進行以下操作：

（1）協調者向參與者發送 "PreCommit" 訊息，然後協調者等待各個參與者的回應。

（2）參與者收到 "PreCommit" 訊息後，將此次要進行的操作封裝成交易，並執行，但不要提交。

（3）如果參與者完成了各項操作，則向協調者回覆 "ACK" 訊息。

在這種情況下，一致性操作則會進入 DoCommit 階段。

如果協調者在一定時間內沒有收齊所有參與者的訊息，或收到的訊息中有 "No" 訊息，則進行以下操作：

（1）協調者向所有參與者發送 "Abort" 訊息，表示取消此次一致性操作。

（2）參與者收到 "Abort" 訊息後，中止當前的操作。如果參與者在一定時間內沒有收到協調者發來的操作訊息，也將中止當前的操作。

在這種情況下一致性操作結束，不需要再進入 DoCommit 階段。

在 DoCommit 階段中，協調者會根據參與者的回覆採取不同的操作。如

果協調者收到了所有參與者的 "ACK" 訊息,則進行以下操作:

(1)協調者向參與者發送 "Commit" 訊息。

(2)參與者收到 "Commit" 訊息後,提交在準備階段已經完成但尚未提交的交易。

(3)參與者向協調者發送 "Done" 訊息。

(4)協調者收到所有參與者的 "Done" 訊息,表示該一致性操作以成功的形式結束。

如果協調者在一定時間內沒有收齊參與者的 "ACK" 訊息,則進行以下操作:

(1)協調者向參與者發送 "Rollback" 訊息。

(2)參與者收到 "Rollback" 訊息後,回覆在準備階段已經完成但尚未提交的交易。

(3)參與者向協調者發送 "Done" 訊息。

(4)協調者收到所有參與者的 "Done" 訊息,表示該一致性操作以失敗的形式結束。

圖 2.17 展示了三階段提交的訊息流。其中,圖 2.17 左側部分表示一致性操作成功情況下的訊息流;圖 2.17 右側部分表示因部分參與者在 CanCommit 階段回覆 "No" 訊息,導致一致性操作失敗的情況下的訊息流。

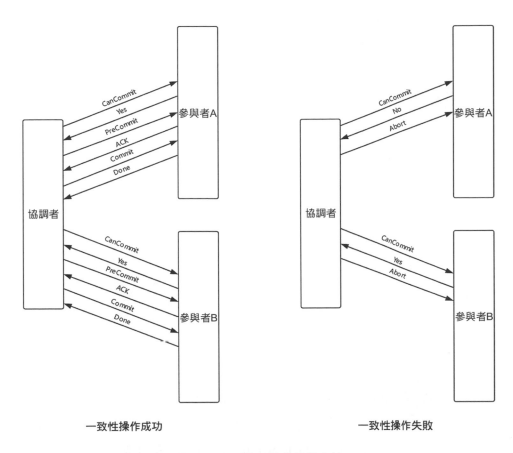

圖 2.17 三階段提交的訊息流

在 DoCommit 階段中，如果參與者在一定時間內沒有收到 "Commit" 訊息或 "Rollback" 訊息，那麼參與者會提交交易。這是因為既然能夠進入 DoCommit 階段，說明所有參與者在 CanCommit 都回覆了 "Yes" 訊息。此時，所有參與者都應該可以正確地提交交易，從而完成該一致性操作。這解決了兩個問題：

- 首先，整個一致性操作不會因為協調者的突然當機，而導致參與者開啟的交易無法關閉，從而阻塞整個系統。
- 其次，如果協調者在發送 "Commit" 指令前後當機，則整個系統的狀態是確定的，因為各個參與者都會預設提交交易。

三階段提交也同樣存在一個同步時刻，其線性一致性證明和兩階段提交類似，我們不再贅述。

2.5.2 優劣

當然，三階段提交仍然存在漏洞。如果協調者在發送 "Rollback" 訊息的過程中當機，一部分參與者收到 "Rollback" 訊息回覆交易，另一部分參與者因為沒有收到 "Rollback" 訊息便會預設提交交易。將會導致系統的一致性被打破，而且即使選列出新的協調者，也無法判斷哪些參與者回覆了交易，哪些參與者提交了交易。

不過，這種漏洞的發生機率極小。"Rollback" 訊息在 DoCommit 階段發出，既然能夠進入該階段，說明所有參與者在 CanCommit 階段都回覆了 "Yes" 訊息，則大機率會在 PreCommit 階段正常回覆 "ACK" 訊息。因此，協調者因為無法收起 "ACK" 訊息而發出 "Rollback" 訊息的機率很低，而在發送 "Rollback" 訊息的過程中恰好當機的機率更低。

因此，三階段提交透過加入一個新的階段和引入逾時機制減少了兩階段提交的同步阻塞問題，減弱了對協調者的依賴，降低了系統狀態遺失的機率。然而，正如我們上面所分析的，三階段提交依然存在漏洞，並不完美。

整體而言，兩階段提交和三階段提交的實現比較簡單，且能夠實現線性一致性。尤其是三階段提交，其發生故障的機率很低，在實踐中應用十分廣泛。

在本書的第 6 章中，我們會介紹分散式交易。兩階段提交和三階段提交也是實現分散式交易的重要方法。

擴充閱讀

兩軍問題

我們發現兩階段提交演算法比我們設計的一階段提交演算法更可靠，三階段提交演算法則比兩階段提交演算法更可靠。那是不是說，繼續引入更多的階段，就可以實現絕對可靠的一致性提交呢？

要回答上述疑問，我們可以先了解兩軍問題（Two Generals' Problem）。

如圖 2.18 所示，山頂的兩支藍軍將白軍左右圍困在山谷。兩支藍軍必須派信使跨過白軍駐守的山谷才能通訊。信使在跨過山谷時，可能被白軍俘虜，進而導致資訊遺失。

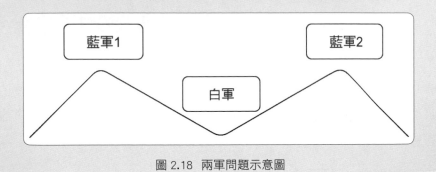

圖 2.18 兩軍問題示意圖

假設兩支藍軍必須在同一天從兩側夾擊白軍才能成功，而任意一支藍軍單獨發起進攻都會失敗。請問藍軍能必勝嗎？藍軍怎樣通訊才能商定一個進攻日期？

假設藍軍 1 派出信使，傳遞資訊「第五天發起進攻！」

然後，第五天時，藍軍 1 能放心地發起進攻嗎？

不能，因為藍軍 1 並不能確定藍軍 2 收到了自己的資訊。

於是，需要藍軍 2 在收到資訊後，派出一個信使告知藍軍 1 自己收到了資訊。

這樣，第五天時，藍軍 2 能放心地發起進攻嗎？

不能，因為藍軍 2 並不能確定藍軍 1 收到了自己的確認資訊。

於是，需要藍軍 1 在收到了藍軍 2 的確認資訊後，再派出一個信使告訴藍軍 2 自己已經收到了藍軍 2 的確認資訊。

這樣，第五天時，藍軍 1 能放心地發起進攻嗎？

不能，因為藍軍 1 並不能確定藍軍 2 收到了自己的確認資訊。

於是，需要藍軍 2 在收到藍軍 1 的確認資訊後，再派出一個信使告訴藍軍 1……

這時我們發現，要想可靠地傳遞包含進攻日期的資訊，互派信使的過程似乎要無窮無盡地進行下去。這表示，兩支藍軍無法實現資訊的可靠傳遞。

我們可以使用反證法證明這個結論。

假設雙方共派出 n 個必要的信使後，能夠可靠地傳遞資訊。雙方在不派信使的情況下，顯然無法可靠地傳遞資訊，故 $n \geqslant 1$。由於信使可能會被俘，所以第 n 個信使可能會被俘。而 n 個信使都是必要的，這表示，資訊無法可靠傳遞。

兩軍問題討論的是在通道不可靠的情況下，能否可靠傳遞資訊的問題。結論：如果通道不可靠，則無法可靠傳遞資訊。

舉一反三，我們可以將兩軍問題的想法和結論遷移到一致性提交演算法中，討論能否在通訊、節點均不穩定的分散式系統中實現可靠的一致性提交。

假設經過 n 個必要的階段後，能夠實現可靠的一致性提交。不經過任何階段，顯然無法完成提交，故 $n \geqslant 1$。由於分散式系統的通訊、節點均不穩定，所以第 n 個階段可能因為通訊故障或節點當機無法順利完成。而 n 個階段都是必要的，這表示，無法實現可靠的一致性提交。

可見，即使引入更多的階段，也無法在通訊、節點均不穩定的分散式系統中實現絕對可靠的一致性提交。

2.6 本章小結

本章首先介紹了一致性的概念，並將 ACID 一致性和 CAP 一致性這兩個平時經常被混淆的概念進行了區分，並複習了它們的異同。一般來說我們在分散式系統中所述的一致性是指 CAP 一致性。

CAP 一致性是説如果使用者在分散式系統的某個節點上進行了變更操作，則在一定時間後，使用者能從系統的任意節點上讀到這個變更結果。

CAP 一致性有強弱之分，我們常接觸的幾種等級按照由強到弱排列：嚴格一致性、線性一致性、順序一致性、最終一致性。

然後，我們介紹了常見的兩種一致性演算法——兩階段提交演算法和三階段提交演算法。這兩種演算法都能在分散式系統中實現線性一致性，我們還列出了它們的線性一致性證明。

兩階段提交演算法包括準備和提交兩個階段，其實現比較簡單，但是可能存在同步阻塞、單點故障、節點不一致、狀態遺失等問題。

三階段提交演算法是對兩階段提交演算法的改進，其包括 CanCommit、PreCommit、DoCommit 三個階段，其實現更為複雜。三階段提交演算法也存在一些漏洞，但發生機率極低。

閱讀本章後，我們已經掌握了一致性的概念，以及常用的一致性演算法。在第 3 章中，我們將介紹分散式系統面臨的另一類問題：共識。共識問題往往會被錯誤地歸為一致性問題，接下來我們會釐清它們之間的關係。

共識

共識這一概念似乎並不出名,這是因為它常被錯誤地歸為一致性。本節將詳細說明共識這一概念,並將它和一致性概念進行區分。

我們將討論演算法的容錯性,並引出赫赫有名的 Paxos 演算法。

Paxos 演算法是一個有名的共識演算法,且它較為晦澀。在討論 Paxos 演算法的過程中,我們不僅列出 Paxos 演算法的提出過程、證明想法、具體內容,還會列出它的實現分析、應用範例,以幫助大家了解該演算法。

進一步，我們會引出 Paxos 演算法的衍生演算法 Raft 演算法。Raft 演算法在工程界獲得了廣泛應用。

閱讀本章後，你將清晰地掌握分散式系統中的共識概念，並了解常見的共識演算法。本章內容也是後續學習 ZooKeeper 等分散式一致性系統的基礎。

3.1 共識與一致性

共識與一致性是兩個緊密連結但又彼此獨立的概念，然而，在日常的討論中我們常將兩者混淆。這會給了解和使用帶來許多麻煩。

在這一章中，我們將先對共識和一致性這兩個概念進行區分，再整理我們討論過的各種一致性，幫助我們釐清相關的概念。

3.1.1 共識的概念

共識（Consensus）是指分散式系統中各個節點對某項內容達成一致的過程。這裡內容的含義很廣泛，可以是某個變數的值，也可以是某個變更請求，等等。

一致性（Consistency）是指系統各個節點對外表現一致，而共識則是各個節點就某項內容達成共識的內部過程。因此，一致性和共識並不是同一個概念，它們在英文中也不是一個單字。但是，兩者卻在很多文章、書籍中被混淆，這一點我們要特別注意。

共識和一致性也有緊密的關係，這應該是它們容易被混淆的原因。在一個分散式系統中，資料備份存放在不同節點上。使用者修改了某個節點的資料，經過一定時間後，如果使用者能從系統任意節點讀取到修改後的資料，那麼該分散式系統實現了一致性。既然使用者能從系統中讀取到修改後的資料，則說明分散式系統中所有節點對這次的資料修改達成了共識。因此，一致性是目的，而共識是實現一致性這一目的所要經歷的過程。

此外，一致性有強弱之分，而共識沒有。共識需要所有節點對某個提案內容達成一致，只要達成一致，就實現了共識；只要達不成一致，就沒有實現共識。只有成與不成，沒有強和弱之分。

我們可以透過策劃班級春遊的例子來了解共識和一致性這兩個概念。

某班級的幾個班會成員在會議室討論全班同學要去哪裡春遊，討論的過程就是一個共識過程。可能有的成員提議去西湖，有的成員提議去西溪濕地，有的成員提議去太子灣。期間可能會包括多輪的提議、投票等，最終大家不斷討論得出一個確定結果的過程就是共識。

當班會成員討論並確定春遊的地點之後，需要向全班同學公佈這一結果。如何公佈這一結果就是一個一致性問題。如果選擇張貼班級公告欄，則所有同學看到公告的時間會不同（這時其他班級的同學詢問起來，可能有人回答「不知道」，有人回答「公告說了，我們去西湖。」），這就不滿足線性一致性；如果選擇群發簡訊，則所有同學會同時收到通知（這時其他班級的同學詢問起來，大家都會回答「簡訊通知過了，我們春遊去西湖。」），這就滿足線性一致性。

可見，共識是一致性的基礎。如果班會成員不能就春遊地點達成共識，就無法向全班同學公佈結果。但是,共識和一致性的概念並不相同,不能混為一談。

考慮到大家經常將共識和一致性混淆。我們再舉一個例子,幫助大家更進一步地區分這兩個概念。

假設存在一個由 500 個節點組成的分散式系統,其已經完成了第 315 號變更,正準備進行第 316 號變更。

接下來,該系統收到了多個變更請求,如「令變數 a=happy」「令變數 b=cui」「令變數 c=yeecode」等。共識演算法要做的是讓系統對選取哪個變更成為第 316 號變更達成共識。假設由 7 個節點進行表決,決定讓「令變數 c= yeecode」成為第 316 號變更,那麼共識演算法的工作就完成了。

進行到這一步,我們可以看出共識演算法具有以下特點:

- 只需要部分節點參與表決。為了效率,往往不會讓全部節點都參與表決,而且為了避免平票,參與表決的節點一般是奇數個。舉例來說,上述例子中,選取 7 個節點參與表決。
- 只需要系統就變更內容達成共識,而不需要真正執行這項變更。舉例來說,上述例子中,所有節點都不需要切實執行「令變數 c=yeecode」的操作。

現在已經確定第 316 號變更是「令變數 c=yeecode」,接下來需要在系統的 500 個節點上執行這個變更,這就是一致性演算法需要完成的工作。在這一步,可以讓所有節點同時開啟交易後一起完成變更,也可以讓節點分批次變更,還可以讓各個節點自由選擇變更時機,等等。不同的一致性演算法決定了不同的變更方式,也將決定系統的一致性等級。

這時，我們可以看出一致性演算法具有以下特點：

- 需要所有節點共同參與。
- 需要節點切實完成變更。

透過上述兩個例子，相信大家已經了解了共識的含義，也進一步明確了共識和一致性的區別。接下來我們會詳細探討共識的相關問題。

 備註

曾經，我對一致性和共識的認識也存在混淆。

有一次，我將一致性演算法推演到專案中來完成某個系統的架構設計。對前兩種演算法的推演是十分順利的，可當我嘗試推演第三種演算法時，卻幾次碰壁。

我停下來分析，可能造成推演失敗的原因有兩種：

Ÿ 我將演算法推演到專案的能力不足或方法錯誤。

Ÿ 我推演的演算法不是一致性演算法。

很快，我就將注意力放到了第二種可能上。尋找文獻、閱讀論文、分析邏輯，果然，它並不是一致性演算法。這表示，推演必然不會成功。

當時，我面對的第三種演算法是 Paxos 演算法，在本章中我們還會詳細介紹它。它是一個共識演算法，卻常被稱為一致性演算法。

於是，我更加堅信理論結合實務的重要性，也意識到錯誤的認知確實會對軟體開發者的工作造成巨大困擾。

於是我決定寫一本書，一本理論結合實務的書，一本校正錯誤認知的書，以幫助更多的開發者。

這就是我寫作本書的原因。

3.1.2 再論「一致性」

到這裡，我們有必要複習一下現在已經厘清的各種「一致性」。

- ACID 一致性：指交易的執行不會破壞資料庫的完整性約束，這裡的完整性約束包括資料關係的完整性和業務邏輯的完整性。

- CAP 一致性：指在一個資料備份存放在不同節點的分散式系統中，如果使用者修改了系統中的資料，則在一定時間後，使用者能從系統任意節點讀取到修改後的資料。

- 共識：指分散式系統中某個節點列出內容後，分散式系統中的各個節點對這個內容達成共識的過程。

其中，ACID 一致性和 CAP 一致性經常被混淆的原因是它們具有同樣的英文名稱：Consistency。但實際上它們的來源和描述的物件完全不同。

共識經常被誤稱為一致性，是因為它是實現 CAP 一致性的過程。但實際上兩者概念完全不同，且對應的英文單字也不同。一致性是 Consistency，而共識是 Consensus。

此外，還有一個常見的概念也和「一致性」有關，那就是一致性雜湊（Consistent Hashing）。其中的「一致性」又是截然不同的概念。

一致性雜湊是一種雜湊演算法。在分散式系統中新增或刪除一個節點後，需要對節點上的資料或請求進行重新分配。一致性雜湊能減少重新分配對系統帶來的影響。

擴充閱讀

一致性雜湊

假設存在一個系統，其使用者資訊由系統中的四個節點儲存。四個節點的編號為 0 ～ 3。我們可以使用雜湊函數 " nodeId = userId%4 " 將使用者映射到某一個節點上。

在分散式系統中，擴充和縮容是十分常見的。如果系統要新增或刪除一個節點，那麼雜湊函數將變為 " nodeId = userId%5 " 或 " nodeId = userId%3 "。這表示使用者和節點的對應關係發生了非常大的變化，會使大量的資料、請求等在節點間重新分配，帶來巨大的工作量，並使系統不穩定。

一致性雜湊可以解決上述問題。它能保證分散式系統在新增或刪除一個節點時受到的影響較小。

一致性雜湊的具體想法就是將雜湊演算法的輸出空間設為一個環狀。舉例來說，該環狀區域可以用 0 ～ $2^{32}-1$ 表示。從正上方開始為 0，沿順時鐘逐漸增大，2^{32} 與 0 重合。四個節點也映射到該環狀區域上。一致性雜湊的環狀輸出空間如圖 3.1 所示。

同樣地，使用者也會被映射到環狀區域上。然後，使用者的映射點沿著環狀順時鐘旋轉，遇到的第一個伺服器節點就是該使用者對應的節點。舉例來說，在圖 3.1 中，使用者 A 對應的節點是節點 2。

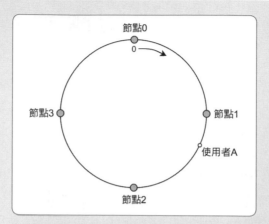

圖 3.1 一致性雜湊的環狀輸出空間

一致性雜湊對於擴充和縮容是友善的。如圖 3.2 左圖所示，假設在圖中位置新增節點 4，則只會減少節點 2 對應的使用者，不影響節點 0、節點 1、節點 3。如圖 3.2 右圖所示，假設刪除節點 3，則只會增加節點 0 對應的使用者，不影響節點 1、節點 2。這大大降低了擴充和縮容對系統造成的影響。

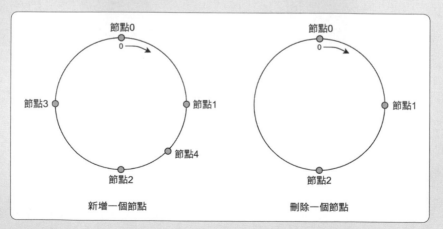

圖 3.2 一致性雜湊中的擴充和縮容

可見，在分散式領域，一致性是一個被廣泛使用的修飾詞。常見的有四種場景：ACID 一致性、CAP 一致性、共識、一致性雜湊。它們的含義各不相同。因此，當遇到「一致性」一詞時要注意辨別，分清其所指的具體含義。

3.2 拜占庭將軍問題

談到共識機制，經常會談到拜占庭將軍問題（Byzantine Generals Problem）。拜占庭將軍問題到底是什麼問題？它和共識演算法有什麼關係？我們將在這一節介紹相關內容。

拜占庭將軍問題是由萊斯利・蘭伯特（Leslie Lamport）於 1982 年在論文中提出的分散式網路的通訊容錯問題。

論文中假設了下面的場景。

拜占庭軍隊圍困了一座敵方城池。整個拜占庭軍隊可以分為 n 部分，而每個部分均只聽命於對應的將軍。任意兩個將軍之間可以透過信使進行通訊，現在，軍隊的各個將軍必須要制定一個統一的行動計畫，即某個時刻進攻還是撤退。然而，在將軍中存在叛徒，他們會透過說謊等手段儘量阻撓忠誠的將軍達成共識。當叛徒將軍的數目 t 和將軍總數 n 滿足什麼要求時，忠誠將軍們才能達成共識呢？

對於該問題已經有了多種證明方式，結論是當滿足 $n \geqslant 3t+1$ 時，忠誠的將軍可以達成共識。

我們透過範例來了解這一結論。假設有三個將軍，其中存在一個叛徒。接下來我們從他們三者中選擇一個作為提議者，由該提議者列出一個進攻還是撤退的提案，然後讓所有將軍共同表決。

假設選中的提議者將軍 A 不是叛徒，而將軍 C 是叛徒，如圖 3.3 所示。假設提議者列出的提案是進攻，則將軍 A 會向將軍 B 和將軍 C 發送進攻訊號。將軍 B 無法判斷將軍 A 是否是叛徒，因此會向將軍 C 詢問。將軍 C 是叛徒，因此他會錯誤地列出撤退訊號。這時，將軍 B 收到一個進攻訊號和一個撤退訊號，他能感知到將軍 A 和將軍 C 中存在叛徒，但卻無法判斷是誰，他也無法判斷到底另一個忠誠的將軍是要進攻還是要撤退。於是，忠誠的將軍 A 和將軍 B 之間無法達成共識。

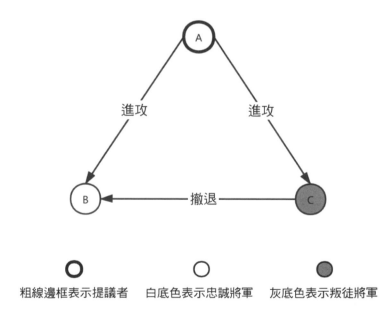

圖 3.3 提議者不是叛徒（三個將軍）

假設選中的提議者將軍 A 是叛徒，如圖 3.4 所示。叛徒將軍 A 則可以向將軍 B 和將軍 C 分別發送進攻和撤退訊號。將軍 B 收到進攻訊號後向將軍 C 確認，忠誠將軍 C 如實回覆自己收到的是撤退訊號。這時將軍 B 收到一個進攻訊號和一個撤退訊號，無法判斷哪個訊號是正確的，將軍 C 也面臨同樣的境況。因此，忠誠的將軍 B 和將軍 C 無法達成共識。

可見，無論哪種情況，當三個將軍中存在一個叛徒時，共識總是無法達成。

當四個將軍中間存在一個叛徒時，則共識是可以達成的。

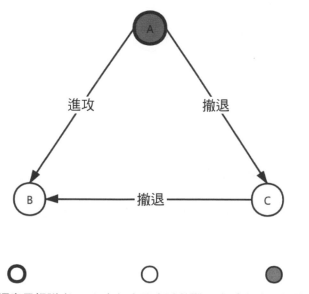

粗線邊框表示提議者　白底色表示忠誠將軍　灰底色表示叛徒將軍

圖 3.4　提議者是叛徒（三個將軍）

假設提議者將軍 A 不是叛徒，而將軍 D 是叛徒，如圖 3.5 所示。假設提議者將軍 A 向其他將軍發出的是進攻訊號，當將軍 B 向其他將軍尋求確認時，可以從忠誠將軍 C 那裡得到進攻訊號，從叛徒將軍 D 那裡得到錯誤的撤退訊號。將軍 B 會按照多數原則認定正確的訊號是進攻訊號，於是和將軍 A 達成共識。同理，忠誠將軍 C 也會和將軍 A 達成共識。這時，忠誠將軍之間的共識操作完成。

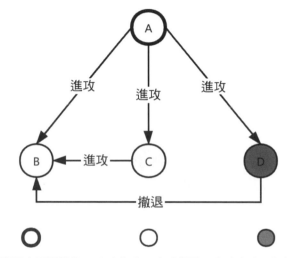

粗線邊框表示提議者　白底色表示忠誠將軍　灰底色表示叛徒將軍

圖 3.5　提議者不是叛徒（四個將軍）

假設提議者將軍 A 是叛徒，如圖 3.6 所示。叛徒將軍 A 可以跟將軍 B、將軍 C 發出進攻訊號，而對將軍 D 發出撤退訊號。將軍 B 在進行訊息確認時，會從將軍 C 獲得進攻訊號，從將軍 D 獲得撤退訊號。因此將軍 B 獲得了來自將軍 A 和將軍 C 的進攻訊號，來自將軍 D 的撤退訊號。按照多數原則，將軍 B 會認為進攻訊號是正確的。同理，將軍 C 也會認為進攻訊號是正確的。將軍 D 在進行訊號確認時，會從將軍 B 和將軍 C 處獲得進攻訊號，加之從將軍 A 處獲得的撤退訊號，按照多數原則，將軍 D 也會認為進攻訊號是正確的。因此，忠誠將軍就進攻達成共識。

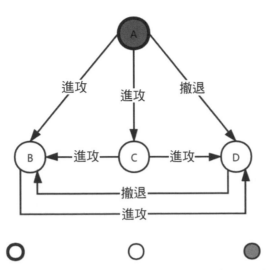

粗線邊框表示提議者　　白底色表示忠誠將軍　　灰底色表示叛徒將軍

圖 3.6　提議者是叛徒（四個將軍）

這樣，我們透過範例證明了在 $n = 3$ ， $t = 1$ 時，忠誠將軍之間無法達成共識，在 $n = 4$ ， $t = 1$ 時可以達成共識。透過遞迴，最終可以推導出當滿足 $n \geqslant 3t + 1$ 時，忠誠將軍之間可以達成共識。

拜占庭將軍問題討論了分散式系統在存在惡意節點的情況下達成共識的問題，具有重要的意義。

3.3　演算法的容錯性

拜占庭將軍問題在共識過程中引入了惡意節點的干擾，使得形成共識的難度大大增加。在實際使用中，並不是所有的場景都會出現惡意節點。因此，並不是每一個共識演算法都需要解決拜占庭將軍問題。

根據能否解決拜占庭將軍問題，我們把共識演算法劃分為兩類：非拜占庭容錯演算法、拜占庭容錯演算法。

接下來我們簡介這兩類演算法。

3.3.1 非拜占庭容錯演算法

非拜占庭容錯演算法又稱為故障容錯演算法（Crash Fault Tolerance，CFT）。這類演算法不能解決分散式系統中存在惡意節點的共識問題，但是允許分散式系統中存在故障節點。故障節點和惡意節點的區別在於故障節點不會發出資訊，而惡意節點會發出惡意資訊。

在分散式系統的執行過程中，其中的節點也許會當機成為故障節點，但它們不會發送惡意資訊而成為惡意節點（駭客綁架等不在討論之列）。因此，通常在進行分散式系統設計時，使用非拜占庭容錯演算法就足夠了。

Paxos 演算法就是一個出色的非拜占庭容錯的共識演算法。在它的基礎上又演化出了一些更容易了解的演算法。在接下來的小節中，我們會對這些演算法介紹。

3.3.2 拜占庭容錯演算法

在一些更為開放的分散式系統中，各個節點都是獨立的、自由的，完全有可能出現惡意節點。

舉例來說，在比特幣系統中，每個節點都是一個由使用者控制的用戶端。為了私利，使用者完全有動機修改節點的程式使之成為惡意節點。

這時便需要拜占庭容錯演算法（Byzantine Fault Tolerance，BFT）來協助分散式系統達成共識。

拜占庭容錯演算法中往往會加入獎懲機制或信任管理機制，發現節點的善意行為則對該節點進行獎勵，如提升其收益、增加其信任度等；發現節點的惡意行為便懲罰，如降低其收益、減小其信任度等。這樣可以讓節點在發出惡意資訊時有所忌憚。

工作量證明（Proof-of-Work，PoW）演算法要求請求服務的節點必須解決一個難以解答但又易於驗證的問題，以此來提升其請求成本，從而保證系統資源被分配到真正需要服務的節點上。這種演算法可以用來增加惡意節點的作惡成本。

能夠實現拜占庭容錯的比特幣系統就使用了工作量證明演算法，它要求記帳節點進行大量的雜湊計算，這些計算的目的是提升節點的記帳成本，從而排除惡意節點。畢竟對一個節點來說，花費大量的計算代價爭取來的記帳權（能獲得比特幣獎勵）卻因自己惡意記錄了錯誤的帳本資訊而被剝奪，這樣的懲罰還是很慘痛的。也正因如此，獲得記帳權的節點通常不會在自身記錄的帳本中加入錯誤的資訊（如給自己的帳戶多加點比特幣）。

在工作量證明演算法的基礎上又演化出了權益證明（Proof-of-Stake，PoS）演算法、委託權益證明（Delegated Proof-of-Stake，DPoS）演算法等。

拜占庭容錯演算法可以引申出許多有趣的問題，但這類演算法並不是我們設計分散式系統時需要關注的重點，因此這裡僅提及。對相關內容感興趣的讀者可以自己展開研究。

3.4　共識演算法

在 3.5 節和 3.6 節中，我們將介紹常見的共識演算法，它們都是非拜占庭容錯演算法。

在這些共識演算法中，Paxos 演算法最有名，也是其他共識演算法的基礎，但該演算法也略微難以了解。其難以了解的原因是 Paxos 演算法將爭奪提議權和表決提案這兩個過程混在一起，使得整個演算法很複雜。

Raft 演算法則將 Paxos 演算法分成了兩個階段：Leader 選舉階段和變更處理階段。在 Leader 選舉階段，只解決 Leader 選舉問題；在變更處理階段，只處理外部變更請求。這樣的拆分使得 Raft 演算法更易被了解，因此 Raft 演算法在工程領域獲得了廣泛的應用。

接下來，我們將詳細介紹以上各種演算法的推導過程和具體內容。讀懂以上演算法對於了解分散式思想、弄清 ZooKeeper 等分散式協調中介軟體的工作原理都十分重要。

3.5　Paxos 演算法

Paxos 演算法是一個完備的共識演算法，甚至有人這樣稱讚它：「世上只有一種共識演算法，那就是 Paxos 演算法。」

備註

Paxos 演算法通常會被誤歸為「一致性演算法」。事實上，Paxos 演算法是一個共識演算法。

Paxos 演算法的提出者萊斯利‧蘭伯特在描述該演算法的論文 *Paxos Made Simple* 中寫道：「At its heart is a consensus algorithm—the 'synod' algorithm of（這個「會議」演算法的核心是個共識演算法）。」而論文第二章的名字就叫「*The Consensus Algorithm*（共識演算法）」。甚至，論文通篇都沒有出現過「Consistency（一致性）」這一單字。

Paxos 演算法可以在存在故障節點但沒有惡意節點的情況下，保證系統中節點達成共識，它也是許多共識演算法的基礎。

3.5.1 提出與證明

🪟 問題描述

Paxos 演算法是萊斯利‧蘭伯特在 1990 年提出的。為了描述這個問題，萊斯利‧蘭伯特虛擬了一個叫做 Paxos 的希臘城邦。城邦按照民主制制定法律。城邦上的公民分為以下三種角色。

- Proposer：負責列出提案。
- Acceptor：收到提案後可以接受提案。如果一個提案被多數的 Acceptor 接受，則該提案被批准。
- Learner：負責學習被批准的提案。

每種角色都可以有多個公民，任何一個公民都可以身兼數職。公民可能因為忙於其他事情而耽誤時間，但是，只要時間足夠長，每個公民都會履行自己角色的職責，並且不會發出虛假的資訊。

城邦中存在多個 Proposer，每個 Proposer 都可能會列出包含不同 value 的提案。value 就是提案的內容，不過為了減少論述時的問題，我們仍然使用 value 這一單字。

共識演算法要做的就是讓這些 value 中，最終只有一個被確定下來。接下來，所有的 Learner 都要獲知這個確定的 value。

如果將城邦看作一個分散式系統，將公民看作分散式系統中的節點，我們就會發現，Paxos 演算法就是在討論分散式系統中的共識問題。

共識達成後，顯然會滿足以下要求：

- 一個 value 只有被提出後，才會被批准。
- 在一次共識中，只能批准一個 value。
- 節點最後獲知的是被批准的 value。

接下來我們跟隨演算法作者的想法，在上述要求的基礎上不斷推進，最終得出 Paxos 演算法。

為了便於大家了解，我們將 Paxos 演算法分為提案批准和提案學習兩個階段。

▨ 提案批准

為了對提案進行追蹤和區別，我們對提案進行全域遞增編號，越往後提出的提案編號越大。於是，提案包括提案編號和 value 兩部分。

為了保證被批准的 value 的唯一性，我們要求被批准的 value 應該是被多數 Acceptor 接受的那一個。多數 Acceptor 指的是超過一半的 Acceptor。這種機制能夠避免多個不同的 value 被批准。

演算法執行的目的是選中一個 value。因此，如果只有一個 Proposer 提出了唯一的 value，那麼我們要去選中這個 value。為此，我們列出下面的約束。

P1：Acceptor 必須接受第一次收到的提案。

共識要求最終只能批准一個 value，但是並不是只能批准一個提案。所以其實可以批准多個提案，只要這些提案的 value 相同。於是我們列出下面的約束。

P2：一旦一個 value V 的提案被批准，那麼之後批准的提案必須是 value V。

有了約束 P2，就保證了只會批准一個 value。

批准一個 value 是指多數 Acceptor 接受了這個 value。因此，可以將 P2 所述的約束施加給所有的 Acceptor，畢竟是由它們來落實演算法的。於是我們可以得到下面的約束。

$P2^a$：一旦一個 value V 的提案被批准，那麼之後任何 Acceptor 再次接受的提案必須是 value V。

這時我們假設一種場景，一個 Proposer 和一個 Acceptor 休眠了。在它們休眠過程中，一個新的 value V 被批准，然後 Proposer 和 Acceptor 甦醒了，並且 Proposer 給 Acceptor 提出了一個新的提案 value W。根據 P1，

Acceptor 應該接受這個提案;而根據 P2^a,因為新提案不是 value V,所以 Acceptor 不應該接受這個提案。在這裡, P1 和 P2^a 就產生了矛盾。

於是,我們將 P2^a 這一約束往前推,進一步加強。不再對 Acceptor 進行約束,而是對 Proposer 進行約束,得到 P2^b。

P2^b:一旦一個 value V 的提案被批准,那麼以後任何 Proposer 提出的提案必須是 value V。

這樣,休眠後甦醒的 Proposer 要檢查當前的提案批准情況,確保不違背 P2^b。於是這個 Proposer 不會再提出 value W,而休眠後甦醒的 Acceptor 也不會在 P1 和 P2^a 這兩個約束之間不知所措。所以在本質上,P2^b 是對 P2^a 的進一步加強。

但是,Proposer 如何才能知道哪個提案已經被批准了呢?

一個被批准的提案一定被多數 Acceptor(假設這個 Acceptor 集合為 C_1)接受。於是,Proposer 只需要詢問多數 Acceptor(假設這個 Acceptor 集合為 C_2)接受了哪個 value,就能找出已經被批准的 value。這一點能夠成立是因為兩個多數 Acceptor 的集合 C_1 和 C_2 一定會有交集。

於是就產生了下面的約束 P2^c。相對於約束 P2^b,約束 P2^c 更容易落實。

P2^c:如果一個編號為 n 的提案是 value V,那麼存在一個多數派,要麼他們都沒有接受編號小於 n 的任何提案,要麼他們接受的所有編號小於 n 的提案中編號最大的那個提案是 value V。

備註

上面所述的約束 P2^c 的內容引自萊斯利・蘭伯特的論文 *Paxos Made Simple*。但是，上述內容在表述上更像一個數學結論而不像一個約束。

為了方便大家了解，我們改寫，改寫後的約束 P2^c 內容如下。

Proposer 在提出編號為 n 的提案時需要向多數 Acceptor 詢問它們是否已經接受過編號小於 n 的提案。Acceptor 如果接受過，則它要傳回其中編號最大的提案。經過這次詢問，如果 Proposer 收到的回覆中編號最大的提案的 value V，則該 Proposer 提出的提案的 value 也必須為 V。

Proposer 按照約束 P2^c 就能確定出目前已經被批准的 value，具體做法如下。

Proposer 在列出提案前，向多數的 Acceptor 詢問它們是否已經接受過編號小於 n 的提案。Acceptor 如果接受過，則它要傳回其中編號最大的提案。然後，Proposer 整理收到的所有回覆，並執行下面的操作。

- 如果確實收到了 Acceptor 傳回的提案，假設這些提案中編號最大的的 value V，則該 Proposer 列出的提案的 value 也只能是 V。
- 如果沒有收到 Acceptor 傳回的提案，則該 Proposer 列出的提案可以是任意的 value。

根據約束 P2^c，便可以滿足約束 P2^b，因此約束 P2^c 是對約束 P2^b 的加強。

我們繼續來看約束 P2^c，它要求「存在一個多數派，不是他們都沒有接受編號小於 n 的任何提案，就是他們接受的所有編號小於 n 的提案中編號最大的那個提案是 value V。」對於多數派中的節點而言，讓它們對過去接受的提案進行保證是可以的。可是，這些節點並未保證它們未來不會接受編號小於 n 的提案，進而打破約束 P2^c。

於是，我們可以對 Acceptor 能接受的提案進行約束。

P1^a：Acceptor 可以接受編號為 n 的提案，前提是它之前沒有回覆任何編號大於 n 的提案。

顯然，約束 P1^a 是約束 P1 的加強。

最終透過推導，獲得了約束 P1^a 和約束 P2^c，這就是 Paxos 演算法在提案批准階段的核心約束。透過約束 P1^a 和約束 P2^c 便可以完成提案的批准工作。

▨ 提案學習

提案被批准之後，Learner 便可以學習提案。在這個過程中，Learner 需要知道哪個提案被批准，即被多數 Acceptor 接受，其有多種實現方式。

最簡單的一種實現方式是在每個 Proposer 接受提案後，都向所有的 Learner 發送提案的內容。Learner 可以整理接收到的所有提案，判斷出哪個提案被多數 Proposer 接受，也就是被批准，然後進行學習。但是，這種實現方案的通訊量很大。假設有 m 個 Acceptor、n 個 Learner，則每當一個新提案被批准和學習時，Acceptor 共需要向 Learner 發送 $m \times n$ 個請求。

Paxos 演算法討論的是非拜占庭容錯情況下的共識問題，各個角色之間的通訊中都沒有虛假資訊。因此，我們可以讓 Learner 之間傳遞資訊，從而減少 Acceptor 向 Learner 發送的請求數，即在 Learner 中選出 k 個

主 Learner，它們接收 Acceptor 的請求，並把批准的提案學習後傳遞給
其他 Learner。這樣，每當一個新提案被批准和學習時，Acceptor 共需要
向 Learner 發送 $m \times k$ 個請求。

3.5.2 演算法的內容

經過 3.5.1 節的推導，我們知道 Paxos 演算法的提案批准階段要滿足約
束 P1^a 和約束 P2^c。

具體而言，可以用下面的流程實現 Paxos 演算法的提案批准過程。

1. Prepare 階段

- Proposer 選擇一個提案編號 n 放入 Prepare 請求中，發送給 Acceptor。
- 如果 Acceptor 收到的 Prepare 請求的編號 n 大於它已經回覆的所有的
  Prepare 請求的編號，則回覆 Proposer 表示接受該 Prepare 請求。在回
  覆 Proposer 的請求中，Acceptor 會將自己之前收到的編號最大的提案
  （如果有的話）回覆給 Proposer。進行了這次回覆後，Acceptor 承諾
  不會再回覆任何編號小於 n 的提案請求。

當 Proposer 收到了多數 Acceptor 對 Prepare 請求的回覆後，進入 Accept
階段。

2. Accept 階段

- Proposer 向 Acceptor 集合發出 Accept 請求。Accept 請求中包含編
  號 n 和根據 P2^c 約束決定出的 value。具體來說，這個 value 是它在
  Prepare 請求的回覆中收到的編號最大的提案中的 value。如果不存在
  這個 value，則該 Proposer 可以自由指定一個 value。

- Acceptor 收到這個 Accept 請求後立刻接受。除非，該 Acceptor 又已經回覆了編號大於 n 的提案的 Prepare 請求。

從效率的角度考慮，當一個 Acceptor 發現某個 Proposer 發出的 Prepare 請求的編號小於該 Acceptor 回覆過的 Prepare 請求編號時，它可以及時通知 Proposer 停止後續操作。因為該 Proposer 的 Prepare 階段必然是失敗的，沒有必要繼續下去。

當 Acceptor 批准一個決議時，它可以將 value 發送給 Learner 的子集，由這個子集通知所有的 Learner。

在整個演算法執行過程中，在任何時間中斷都不會引發狀態的混亂。

在 Accept 階段，Acceptor 收到 Accept 請求後立刻接受，除非，該 Acceptor 又已經回覆了編號大於 n 的 Prepare 請求。這表示，Paxos 演算法的執行過程中可能會出現一個問題。當 Proposer A 提出一個提案後，Proposer B 提出一個編號較大的提案可能會中止 Proposer A 的提案。Proposer A 只能重新列出一個編號更大的提案，結果又終止了 Proposer B 的提案。這樣一來，可能出現 Proposer A 和 Proposer B 不斷列出更大的提案編號中止對方的提案，而導致無法達成共識的情況。這時可以選擇當 Proposer 的提案被中止時，該 Proposer 必須休眠一段隨機時間，以此來避免互相競爭。

這樣，Paxos 演算法已經描述完成。這是最基本的 Paxos 演算法，又稱為 Basic-Paxos 演算法。

3.5.3 演算法實現分析

Paxos 演算法的提出和證明過程確實不易被了解,為了防止大家感到混亂,我們接下來對 Paxos 演算法的提出和證明過程進行梳理。

首先,Paxos 演算法將節點劃分為三種角色:Proposer、Acceptor、Learner。確定了共識最終要滿足的三點要求如下。

- 一個 value 只有被提出後,才會被批准。
- 在一次共識中,只能批准一個 value。
- 節點最後獲知的是被批准的 value。

然後,列出演算法要滿足的約束 P1 和約束 P2,並不斷加強約束,獲得了整個演算法。其整個加強的過程如圖 3.7 所示。

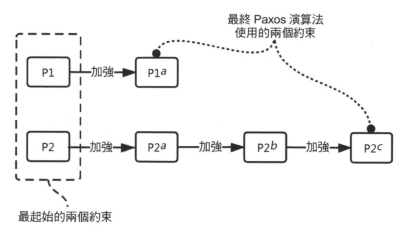

圖 3.7 Paxos 演算法加強過程

最後,得到的約束 $P1^a$ 和約束 $P2^c$ 共同實現了 Paxos 演算法中的提案批准過程。

即使了解到這一步，Paxos 演算法還是有些複雜。為了讓大家更透徹地了解 Paxos 演算法，我們進一步剖析整個演算法在做些什麼。

在此之前，我們先定義一個概念以幫助大家了解。這個概念是提議權。

提議權是指能夠自由指定一個 value 讓 Acceptor 進行表決的權利。

在 Paxos 演算法執行中，每個 Proposer 都可以列出提案。那是不是說，每個 Proposer 都具有提議權呢？

不是的。

如果一個 Proposer 列出了提案，但是提案中的 value 卻是其他 Proposer 指定的，那麼顯然這個 Proposer 並沒有獲得提議權。

在一次共識形成中，可能會有多個 Proposer 提出了多個提案，但其實只有一個 Proposer 拿到了提議權。

一個 Proposer 拿到了提議權後，便可以自由指定一個 value 讓所有的 Acceptor 進行表決。

有了提議權這個概念之後，我們可以將提案批准階段劃分為以下兩個子內容。

- 爭奪提議權：討論哪個節點可以列出一個新的提案（包含一個自由指定的 value，而非從其他提案中引用過來的 value）。
- 表決提案：討論要不要通過當前提案中的 value。

在 Paxos 演算法中，我們可以看到與爭奪提議權相關的內容。舉例來說，在 Paxos 演算法的 Accept 階段存在下面的一段規則：「具體來說，這個 value 是它在 Prepare 請求的回覆中收到的編號最大的提案中的 value。如果不存在這個 value，則該 Proposer 可以自由指定一個 value。」按照這段描述，如果 Proposer 最後可以自由指定一個 value，則表示它獲得了提議權；不然表示它失去了提議權（只能引用一個已有提案中的 value，而這個 value 最初是由其他 Proposer 指定的）。

在 Paxos 演算法中，我們也可以看到與表決提案相關的內容。舉例來說，「在 Prepare 階段，進行了這次回覆後，Acceptor 承諾不會再回覆任何小於 n 的請求。」這一段描述的便是 Acceptor 對提案進行表決的準則之一。

引入了提議權這一概念之後，我們可以發現，Paxos 演算法將爭奪提議權和表決提案這兩個子內容放在一起處理。正是這一點，極大地增加了 Paxos 演算法的了解難度。

如果系統只進行一次共識決策，那麼在決策中包含爭奪提議權和表決提案兩部分內容是合理的。如果系統要進行多次決策，那麼沒有必要在每次決策前都重新爭奪提議權，完全可以將提議權交給某一個節點（通常被稱為 Leader 節點），而著重關注表決提案的過程。

了解了這一點，就掌握了 Paxos 演算法的演化想法。後面我們要介紹的演化演算法，其主要想法就是將爭奪提議權和表決提案的過程拆解開來。

3.5.4　了解與範例

為了進一步幫助大家了解 Paxos 演算法，我們準備了一個更為實際的例子。

假設有五位同學 S1 ～ S5，透過信件來往討論出行計畫。他們實現了提案的全域唯一編號，編號越大的提案提出的越晚。

可以分為以下幾種情況。

◪ 情況一

S1 準備列出遊玩地點，於是向其他人發送信件：

我想要確定下我們明天去哪裡玩。

提案編號：6

其他人收到後，均向 S1 回覆：

同意，聽你的。

則 S1 收到過半數（含自己）的同意後，獲得了提議權。再次發出信件：

已決定，去西湖玩。

決議編號：6

於是，共識達成。達成的決議內容是去西湖玩。

◪ 情況二

S1 準備列出遊玩地點，於是向其他人發送信件：

我想要確定下我們明天去哪裡玩。

提案編號：6

而 S5 也向其他人發送信件：

我想要確定下我們明天去哪裡玩。

提案編號：7

假設 S1 的提案信件先到達 S2，並獲得了 S2 的同意；S5 的提案信件先到了 S4 並獲得了 S4 的同意。於是關鍵就在於 S3 的行為。

假設 S3 先收到了 S1 的提案，並回覆了同意，那麼 S1 已經獲得了半數以上的同意，開始發出信件：

已決定，去西湖玩。

決議編號：6

這時 S5 的提案信件才到達 S3。因為 S5 的提案編號更大，S3 必須回覆，回覆內容：

我已經同意 6 號提案，內容為去西湖玩。

S5 收到回覆後，發現已經有提案被 S3 同意過，那麼自己的提案內容必須和上述提案內容一致。於是他發出信件：

已決定，去西湖玩。

決議編號：7

於是，共識達成。達成的決議內容是去西湖玩。

▨ 情況三

前面內容和情況二一致，但是 S5 的提案先到達 S3，則 S3 同意 S5 的提案。

S5 獲得了過半數的同意，這時，S5 贏得了提議權，可以決定去哪裡玩。於是，S5 發出信件：

已決定，去西溪濕地玩。

決議編號：7

這時，S1 的提案才到達 S3。S3 看到 S1 的提案的編號為 6，小於自己已經接受的提案編號 7，則直接不理會。

S1 並沒有得到半數以上的同意，因此不具有提出去哪裡玩的提議權。

一段時間後，S1 收到了 S5 發來的去西溪濕地玩的決議，他知道這是過半數同意了的最終決議，於是也決定和大家一起去西溪濕地玩。

於是，共識達成。達成的決議內容是去西溪濕地玩。

3.6 Raft 演算法

Paxos 演算法在共識演算法理論界的開創地位和基礎地位是不容撼動的，但它難以了解且容易出錯，限制了它在工程領域的應用。

在 Paxos 演算法的基礎上發展出了許多演算法，Raft 演算法便是其中之一。Raft 演算法易於實現和了解，在工程領域應用廣泛。

Raft 演算法和 Paxos 演算法在底層邏輯上是等值的，它與 Paxos 演算法具有相同的容錯性和性能。與 Paxos 演算法的不同點在於，Raft 演算法把 Paxos 演算法要處理的爭奪提議權和表決提案這兩個問題拆分到 Leader 選舉和變更處理兩個階段中分別進行處理，因此更容易了解。

在變更處理階段，Raft 演算法可以持續完成多項共識操作，即實現多決策（Multi-Decree）。相比而言，Paxos 演算法每次執行只能完成一次共識操作，即實現單決策（Single-Decree）。

大部分的情況下，分散式系統在執行中會不斷地接收變更請求，這要求分散式系統中的共識演算法能夠實現多決策。可是將 Paxos 演算法改造為多決策演算法的過程很複雜，這也是 Raft 演算法得到廣泛應用的重要原因。

接下來我們就詳細介紹 Raft 演算法的具體內容。

3.6.1 Raft 演算法的內容

Raft 演算法的實現主要包含兩個階段。

- Leader 選舉階段，進行提議權爭奪。
- 變更處理階段，進行提案表決。

接下來我們詳細介紹這兩個階段的具體內容。

🞖 Leader 選舉階段

Raft 演算法規定節點處於 Leader、Follower、Candidate 三種狀態之一。Leader 狀態表示當前節點作為叢集的 Leader；Follower 狀態表示當前節點作為叢集的 Follower；Candidate 狀態表示叢集中不存在 Leader，當前節點正在參與 Leader 的選舉過程。

這三個狀態的狀態轉化，如圖 3.8 所示。

節點剛啟動時預設處於 Follower 狀態。如果節點長時間接收不到 Leader 的心跳則表示當前節點與 Leader 失去聯絡，此時節點也會轉為 Candidate 狀態開始新 Leader 的選舉。

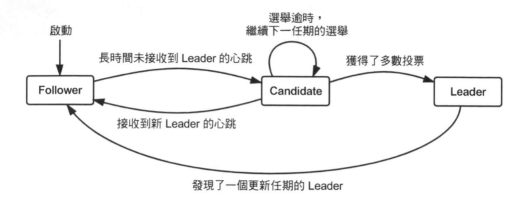

圖 3.8 Raft 演算法中節點狀態轉換圖

在 Candidate 狀態下，如果當前節點獲得了多數節點（過半數的節點，其中也包含節點自身）的投票，則會進入 Leader 狀態作為叢集的 Leader。不然可能會收到新 Leader 的資訊而轉為 Follower 狀態，也可能會因為超過一定時間未收到新 Leader 的資訊而繼續處於 Candidate 狀態，並進行下一輪的投票。

當一個 Leader 節點發現一個處在更新任期（Term）的 Leader 時，會直接變為 Follower。關於這一點我們會在 3.6.2 節中進行討論。

當叢集選列出 Leader 後，由 Leader 節點接收外部用戶端發來的變更請求，並採用類似兩階段提交的方式將變更同步到各個 Follower 上。與兩階段提交不同，Leader 節點只要發現多數接受了新變更，便會提交該新變更。從這裡也能看出，共識演算法只負責讓節點達成共識，並不負責讓系統實現一致性。

當系統中的 Leader 突然當機時，叢集中的各個節點所保存的變更集合可能是不同的。但多數節點上都保存有最新最全的變更，因為這是變更被提交的必要條件。這表示，叢集中只要有多數的節點存活，就不會遺失已提交的變更。

舉例來說，叢集中存在依次編號的 5 個節點，節點 1 作為 Leader，變更 A 保存在 1、2、3、4、5 這 5 個節點上，變更 B 保存在 1、2、4 這 3 個節點上，變更 C 保存在 1、4 這 2 個節點上。因為變更 A、B 都已經保存在多數的節點上，所以是已提交的變更，而變更 C 則是未提交的變更，如圖 3.9 所示。

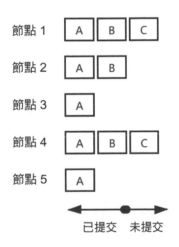

圖 3.9 變更在節點上的分佈示意圖

接下來，5 個節點中存活 3 個節點，則這 3 個節點中一定會有一個節點包含 A、B 這 2 個已提交的變更，即已提交的變更不會遺失。

節點必須獲得多數節點的投票支持才能成為 Leader。這表示只要叢集還能選列出 Leader 正常執行，則叢集中的節點超過了半數。那麼，這過半數的節點中，一定有一個節點包含了全部的已提交變更。

新 Leader 產生後，將作為變更的發起者協調整個叢集的工作，因此它自身必須掌握整個叢集的最新狀態，並在此基礎上繼續接受新的變更。這樣，我們獲得了處於 Candidate 狀態的節點當選 Leader 的重要條件：保存有最新的變更。

所以，Leader 選舉的過程就是從保存有最新變更的 Candidate 節點中，任選一個節點的過程。

整個選舉的過程如下。

當某個節點長時間無法和 Leader 取得聯絡時，會開啟一個新任期進入 Candidate 狀態，開始選舉 Leader。該節點首先會給自己投一票，然後請求其他節點給自己投票。

收到其他節點的投票請求後，每個節點給其他節點投票的準則如下。

- 要投票的 Candidate 節點掌握的變更不能比自己的更舊。這一點是為了讓當選 Leader 的節點具有最新的變更。
- 先來先得，會優先把票投給最先要求自己投票的節點。
- 每個任期內，一個節點只能投出一票。

這樣，如果某個節點獲得了多數節點（包含自己）的投票，則可以成為這個任期的 Leader。如果出現了平票則不能選列出新的 Leader，所有節點會繼續等待直到逾時，然後這個任期結束，開啟新的任期再次進行選舉。

Raft 演算法中的任期情況如圖 3.10 所示。

任期總會以一次新的選舉操作開始，以選舉失敗或 Leader 失聯結束。

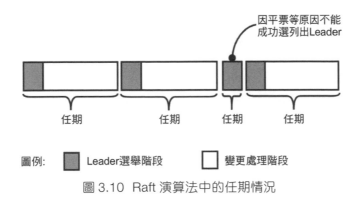

圖 3.10 Raft 演算法中的任期情況

如果選舉中出現平票則要開始新任期，這樣的事情可能會發生多次，浪費時間。因此，Raft 演算法使用隨機逾時演算法來使每次選舉都隨機有一個節點先發起選舉，避免一直按照同樣的順序喚醒而出現平票的情況。

同時，作為叢集的管理員，我們也要儘量使叢集中有奇數個節點，來減少平票的發生。

Leader 產生以後，會立刻告知其他節點。其他節點接收到新 Leader 的通知後，會轉入 Follower 狀態。

▨ 變更處理階段

新 Leader 選舉產生後，叢集便可以進入正常的工作狀態，處理外部發來的變更請求。

叢集的變更操作是基於複製狀態機（Replicated State Machines）開展的。複製狀態機確保在初始狀態一樣的情況下，各個節點接收相同且確定的變更後，還會處於相同的狀態。

這裡所說的相同且確定的變更是指該變更不會因為執行時間、執行節點環境等的不同而不同。舉例來說,「設定某個變數為當前時間」「設定某個變數為當前節點的 IP 位址」等輸入則不符合條件;而「設定某個變數為 15:35」「設定某個變數為 172.168.1.21」則是符合條件的。

在叢集中,每個節點都可以作為一個複製狀態機。這時,Leader 只要維護一個變更清單,每個節點都按照該清單依次執行其中的變更,則所有節點執行完變更清單後所處的狀態是完全一致的。

當叢集接收到變更後,會統一交給 Leader 處理。Leader 會按照順序接收變更,從而實現了所有變更操作的序列化。之後,Leader 會將變更發送給其他節點,等待其他節點確認。

Follower 接收並執行完新的變更後會向 Leader 確認。當 Leader 收到多數(含自己)節點的確認後,會提交該變更。

於是,整個叢集接收新變更並最終提交的過程如下。

(1) Leader 接收到一個新變更,將該變更操作附加到變更清單尾端。
(2) Leader 將該變更發送給已經執行完前面所有變更的節點,並等待節點回應。
(3) 如果節點執行完成了變更,則會回應 Leader。
(4) 如果 Leader 收集到了多數節點的回應,則提交該變更,並告知用戶端。

舉例來說,變更的提交情況如圖 3.11 所示。C 號變更及其之前的變更都已經被多數節點接收,因此已經被提交,而 D 號變更則正在處理中。

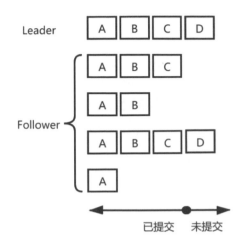

圖 3.11 變更的提交情況

3.6.2 Raft 演算法的保證

在這一節中,我們將討論 Raft 演算法的保證,即論證 Raft 演算法不會引發系統的混亂或遺失已提交的變更。

🔲 腦分裂的避免

腦分裂是指叢集中出現了多於一個的 Leader,這時,多個 Leader 會各自接收不同的變更請求,從而導致系統狀態混亂。而且多個 Leader 接收到的變更不同,使得子叢集朝不同的方向演化,最終無法合併。這在分散式系統中是極為嚴重的故障,也是一定要避免的。

Raft 演算法規定 Leader 的當選需要獲得多數節點的支援,同時,在每一個任期內,每個節點只能投出一票。這表示,在任何一個任期內,最多只有一個節點成為 Leader。

但是，在同一時刻確實可能存在不同任期的兩個 Leader。

假設叢集中存在 5 個節點 A ～ E，節點 B 為 Leader。這時，叢集通訊出現故障，分裂為兩個群落，一個群落包含 A、B 兩個節點，一個群落包含 C、D、E 三個節點。在節點 A、節點 B 組成的群落中，節點 B 依舊是 Leader；在節點 C、節點 D、節點 E 組成的群落中，因為收不到 Leader 的心跳而開啟了新的任期並展開選舉，假設節點 D 獲得了 3 票，超過了總節點數 5 的半數，成為了新的 Leader。則此時叢集中同時存在節點 B、節點 D 兩個 Leader，但因為節點 D 是後面一個任期被選列出來的，因此節點 D 所處的任期更加新。叢集中同時存在兩個 Leader 示意圖如圖 3.12 所示。

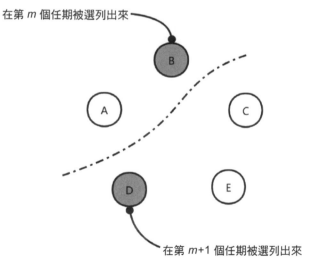

圖 3.12　叢集中同時存在兩個 Leader 示意圖

此時，節點 B 作為 Leader 仍會接收變更，但它將變更操作發送給節點後，永遠不會得到多數的回應。因為節點 B 所在的群裡一共只有 2 個節點，所以節點 B 不會提交任何新變更。

節點 D 作為 Leader 也會接收變更，並且能夠提交變更。因為節點 D 所在的群落有超過半數的節點。

假設經過一段時間後兩個群落之間的通訊恢復，則節點 B、節點 D 均會收到對方發出的 Leader 資訊，但因為節點 D 的任期更加新，所以節點 D 會繼續擔任 Leader，而節點 B 則會在接收到節點 D 的資訊後轉為 Follower。

在節點 B、節點 D 兩個 Leader 共存的時間段內，所有的變更也都由節點 D 提交，因此不會發生系統變更混亂的情況。

可見，Raft 演算法能保證系統不會出現腦分裂。

▨ 已提交請求的保證

Leader 只會往變更清單的尾部附加新的變更，而不會刪除或覆蓋已有的變更。並且我們也知道，如果一個變更被提交，則它已經被保存在過半數的節點中。

假設系統中的部分節點突發故障，只要叢集還能正常執行（有多數的節點存活且可通訊），則至少有一個存活的節點中保存有完整的變更清單。這樣，保存有完整變更清單的節點會成為新的 Leader，並將自身的變更清單同步給其他節點，保證了已提交的請求不會遺失。關於這一點我們已經在 3.6.1 節進行了討論。

但是存在一種特殊情況，會導致過半數的提交作廢。接下來，我們舉例說明這種情況，過半數提交被廢棄問題如圖 3.13 所示。

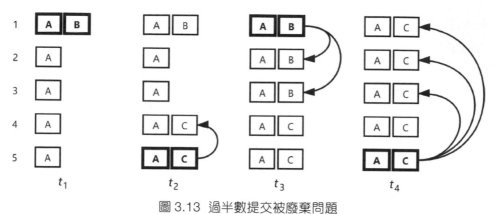

圖 3.13　過半數提交被廢棄問題

圖 3.13 中存在 5 個節點 1 ～ 5，出現了以下的操作。

- 在 t_1 時刻，節點 1 作為 Leader，並接收了變更請求 B，然後當機。
- 在 t_2 時刻，節點 5 作為 Leader，接收了變更請求 C，並將該變更同步到了節點 4 上，然後當機。
- 在 t_3 時刻，節點 1 再次作為 Leader，將變更 B 同步到了節點 2 和節點 3 上，然後當機。
- 在 t_4 時刻，節點 5 再次作為 Leader，並將變更 C 同步到了節點 1、節點 2 和節點 3 上。

上述這種情況的發生機率很低，但確實是可能的。

這時我們發現一個問題，在 t_3 時刻變更 B 已經被過半數節點接收，但是卻在隨後的 t_4 時刻被覆蓋了。於是，一個過半數的提交 B 作廢。

為了防止上述情況的發生，Raft 演算法規定：Leader 被當選之後，不允許向其他節點單獨同步之前任期的變更。這樣就杜絕類似圖 3.13 中 t_3 時刻和 t_4 時刻的行為。

但是，Raft 演算法允許 Leader 被當選之後，在向其他節點同步新變更時，順帶同步之前任期的變更。這樣設定既能夠保證變更 B 的繼續同步，又防止圖 3.13 中所示的混亂。我們接著圖 3.13 的 t_2 時刻舉例説明過半數提交被廢棄問題的解決，如圖 3.14 所示。

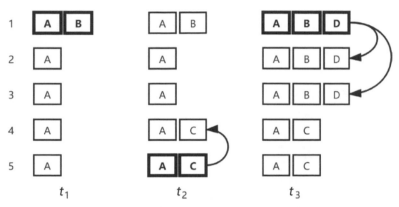

圖 3.14 過半數提交被廢棄問題的解決

在 t_3 時刻，節點 1 被選舉為 Leader，結合收到變更 D。此時，節點 1 會在同步變更 D 時順便同步變更 B。這樣，按照選舉規則，即使節點 1 再次當機，節點 4、節點 5 也會因為沒有最新的變更而無法被選舉為 Leader，從而避免了圖 3.13 中所述的情況。

如果節點 1 被選舉為 Leader 後沒有接收到新的變更怎麼辦？這樣它就沒有機會將變更 B 同步到節點 2 和節點 3 上。

實際上，節點成為 Leader 後，會迅速向所有節點同步一個無實際操作的變更，相當於一個空操作的變更 D。這樣，順便同步了之前任期的變更，並確保了變更數目的增加，防止了類似節點 4、節點 5 的節點再次當選為 Leader。

透過這種機制，Raft 演算法避免了圖 3.13 所述的特殊情況。最終保證了凡是被過半數節點接收的變更，都不會遺失。

3.6.3 複習分析

Raft 演算法將整個共識操作劃分為兩個階段：Leader 選舉階段、變更處理階段。每個任期都以 Leader 選舉階段開始。

在 Leader 選舉階段，各個節點開始新 Leader 的選舉工作。只要有多數的節點正常執行，這一階段就可以順利完成。

在變更處理階段，各個節點在 Leader 的帶領下處理變更。Leader 維護了一個變更清單，各個節點只需要遵循該清單依次處理其中的變更即可。變更的提交需要得到多數節點的回應，因此，只要有多數節點正常執行，這一階段就可以順利完成。

只要叢集中多數節點正常執行，Raft 演算法就可以正常執行。並且在執行過程中能夠應對 Leader 當機、Follower 當機等意外情況。

3.7 本章小結

本章首先介紹了共識的概念，並著重將共識和一致性這兩個概念進行了區分。

共識是指分散式系統中各個節點對某項內容達成一致的過程，沒有強弱之分。一致性是指系統各個節點對外表現一致，根據從變更發生到對外表現一致這個過程經歷的時間長短不同，有強弱之分。

以此為契機，我們還對常見的各種一致性概念進行了詳細的區分，包括
ACID 一致性、CAP 一致性、共識、一致性雜湊。它們都是截然不同的
概念。

然後，我們討論了拜占庭將軍問題，並引出了演算法的容錯性。只能夠
容忍故障錯誤的演算法稱為非拜占庭容錯演算法，既能夠容忍故障錯誤
又能夠容忍惡意錯誤的演算法稱為拜占庭容錯演算法。一般來說我們在
分散式系統中只需要實現非拜占庭容錯演算法。本章介紹的演算法也都
是非拜占庭容錯演算法。

接著，我們開始詳細介紹各類共識演算法。

先介紹的是 Paxos 演算法，包括其提出過程、證明過程、具體內容。
Paxos 演算法是一個完備的共識演算法，但是略顯晦澀。

為盡可能幫助大家了解 Paxos 演算法，我們還進一步列出了 Paxos 演算
法的實現分析、了解範例。

我們還介紹了 Raft 演算法，包括其實現想法和執行機制，Raft 演算法是
Paxos 演算法的進一步演化，其易於實現和了解，在工程領域應用廣泛。

本章是對共識概念與相關演算法的全面介紹。在學習過程中，我們也能
看出共識演算法的實現依賴節點間的大量通訊。如果分散式系統中出現
網路故障影響通訊的進行，那麼分散式系統還能實現共識嗎？如果共識
不能達成，那麼一致性又從何談起呢？

可見網路故障可能會對分散式系統的工作帶來重大影響。具體影響是怎
樣的呢？我們將在第 4 章詳細討論。

3.7 本章小結

Chapter

04

分散式約束

分散式系統的優點之一是具有很強的容錯性,當系統發生節點故障或網路故障時,不會影響系統的整體功能。可是,當系統發生節點故障或網路故障時,還能保證系統的分散式一致性嗎?分散式一致性如果不能保證,那麼系統如何對外提供服務呢?

透過上面的疑問,我們能夠隱約感受到分散式系統面臨的一些問題。CAP 定理就討論了這些問題,它主要是讓我們明確知道分散式系統中存在的約束。而在 CAP 定理上發展出的 BASE 定理則向我們展示了如何在 CAP 定理闡明的約束下設計分散式系統。

在這一章中，我們將詳細了解 CAP 定理和 BASE 定理。

4.1　CAP 定理

4.1.1　定理的內容

CAP 定理是說在一個分散式系統中，一致性（Consistency）、可用性（Availability）、分區容錯性（Partition Tolerance）這三個特性無法同時得到滿足，最多能滿足其中兩個特性 [3]。

我們先介紹 CAP 定理中包括的三個特性。

- 一致性：指 CAP 一致性中的線性一致性。關於這點，我們已經在第 2 章中進行了詳細的介紹，這裡不再贅述。
- 可用性：指分散式系統總能在一定時間內回應請求。舉例來說，向分散式系統發出某個變更請求，分散式系統會在一定時間內完成操作。
- 分區容錯性：指系統能夠容忍網路故障或部分節點故障，即在這些故障發生時，系統仍然能夠正常執行。

CAP 定理是說，在分散式系統中上述三個特性無法同時滿足。

4.1.2　範例與了解

CAP 定理並不晦澀，很好了解。我們透過一個具體的範例來解釋它。

假設存在一個由節點 A 和節點 B 組成的分散式系統，如圖 4.1 所示。

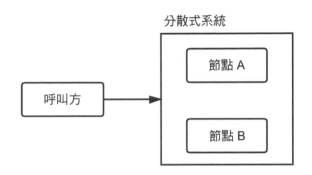

圖 4.1　CAP 定理模型範例

當一個寫入請求到達該分散式系統後，我們在保證 CAP 定理中兩個特性的前提下，嘗試保證第三個特性。

- 保證分區容錯性和可用性：因為系統具有分區容錯性，所以我們假設節點 A 和節點 B 之間的通訊發生故障。如果使用者在節點 A 上發起了資料寫入請求，為了保證可用性，那麼節點 A 必須在無法將寫入請求同步到節點 B 的情況下處理資料寫入請求。但這會導致使用者無法從節點 B 中讀出更新後的資料，即寫入的資料無法被立即讀出，故系統無法再保證一致性。

- 保證分區容錯性和一致性：同樣，我們假設節點 A 和節點 B 之間的通訊發生故障。如果使用者在節點 A 上發起了資料寫入請求，為了保證一致性，那麼節點 A 必須拒絕寫入資料，因為只要節點 A 在與節點 B 失聯的情況下寫入了資料，就表示一致性被打破。於是寫入請求無法被處理，即系統無法再保證可用性。

- 保證可用性和一致性：系統總能回應外部請求，且寫入系統中的資料可以被立即讀出。這就表示節點 A 和節點 B 之間的通訊必須正常，以便任何資料變更操作都能立即在兩節點間同步，於是系統無法保證分區容錯性。

或我們可以用一段話簡述上面的各種情況：分散式系統中，當部分節點當機或失聯（對應分區容錯性）時，我們不是選擇只在正常節點上完成更新（放棄一致性），就是選擇拒絕所有的更新請求（放棄可用性）；只有在不存在當機或失聯節點（放棄分區容錯性）時，我們才能避免上述選擇。

可見，在分散式系統中，總是需要在一致性、可用性、分區容錯性中進行三選二的抉擇。這就是 CAP 定理說明的約束。

4.2 從 CAP 定理到 BASE 定理

CAP 定理指明了分散式系統中的約束，但是並沒有列出一個明確的解決方案。即它描述清楚了具體的問題，但並沒有解答這一問題。

接下來，我們探討如何在 CAP 定理的約束下設計和實現分散式系統。

CAP 定理論證了一致性、可用性、分區容錯性三者不能同時被滿足，但在系統正常執行的情況下，即各節點執行正常、節點間通訊正常時，便不會有分區容錯性的需求。因此，在這種情況下，系統可以保證一致性、可用性。

當系統中部分節點或通訊出現異常時，區域錯誤就出現了。這時，系統必須要有分區容錯性，因為這個錯誤的出現是事實，已經無法不容忍。於是，只能在可用性和一致性上進行二選一。

然而這兩者都很重要，似乎都不能放棄，CAP 定理似乎將分散式系統逼上了絕路。

好在，並沒有。

CAP 定理證實了三者不能同時滿足，但不代表三者不能同時部分滿足。我們可以部分滿足一致性，部分滿足可用性，在這兩者之間進行平衡，如圖 4.2 所示。

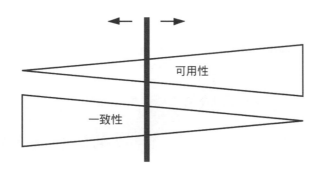

圖 4.2 可用性和一致性之間的平衡

CAP 定理中所說的一致性是線性一致性，我們可以放棄線性一致性，轉而追求弱一致性，以此來換取部分可用性。這就是 BASE 定理討論的問題。

舉例來說，最終一致性就是一種在實踐中常採用的弱一致性。使用最終一致性時，不要求各個節點的資料即時一致，只要求經過足夠長的時間後能夠達到一致即可。

舉例來說，圖 4.3 所示的分散式系統中包含節點 A 和節點 B。假設系統發生網路故障，外部請求落在節點 A 上，則節點 A 可以單獨應用變更，並回應該請求。這樣保證了系統的可用性，並暫時破壞了一致性。如果這時有請求存取到節點 B，則會讀取到變更前的舊狀態。

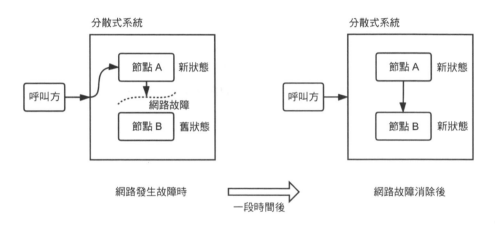

圖 4.3 最終一致性示意圖

當故障節點重新啟動或網路恢復後，節點 A 可以再把更新的資訊同步給節點 B。這樣，系統的一致性便又恢復了。這就實現了最終一致性。

上述這種實現方式就反映了 BASE 定理的思想。接下來，我們詳細介紹 BASE 定理。

4.3　BASE 定理

如果說 CAP 定理描述清楚了分散式約束這一問題，那麼 BASE 定理就是在列出這一問題的可行的解決方案。

4.3.1　BASE 定理的含義

BASE 定理是 Basically Available（基本可用）、Soft State（軟狀態）、Eventually Consistent（最終一致性）三組英文的縮寫。下面我們分別描述這三者的含義。

▨　基本可用

基本可用是指系統能夠提供不完整的可用性。不完整的可用性可以是下面的一種或幾種情況。

- 功能裁剪：系統損失部分功能，保證另一部分功能可用。舉例來說，在競拍系統中，仍然可以進行商品的競拍，但是出價後不再顯示該使用者的所有出價記錄。

- 性能降低：系統仍然可用，但容量、併發數、回應時間等性能指標降低。舉例來說，對競拍商品出價後，系統回應過程變長。

- 準確度降低：系統仍然可用，但列出的結果的準確度降低。舉例來說，對競拍商品出價後，不再顯示全域最高價的準確值而只是一個估計值。

⬜ 軟狀態

與軟狀態相對的是硬狀態。硬狀態指在任意時刻,分散式系統的狀態是確定的。假設分散式系統中變數 a 的舊值為 3,存在一個變更將其修改為 5,則在系統提交該變更之前所有節點的 $a=3$,系統提交該變更之後所有節點的 $a=5$,如圖 4.4 所示。

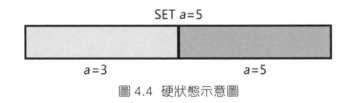

圖 4.4　硬狀態示意圖

軟狀態指系統狀態在某個時刻可能是模糊的。同樣以上述的變數修改為例,在系統提交變更後,可能存在一段時間,在這段時間內某些節點的 $a=5$,而另外一些節點的 $a=3$。這種模糊的狀態其實就是對一致性的打破,如圖 4.5 所示。

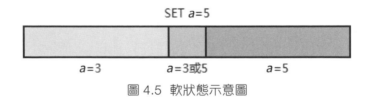

圖 4.5　軟狀態示意圖

⬜ 最終一致性

系統不能一直處在軟狀態,最終一致性是說系統在經過一定時間之後,必須能夠恢復到一致的硬狀態。

4.3.2 BASE 定理的應用

當系統各個節點執行正常、節點間通訊正常時，不存在分區容錯的需求，因此可以全部滿足一致性、可用性。此時不需要使用 BASE 定理。我們主要討論 BASE 定理在系統節點執行異常或通訊異常時的應用。

如圖 4.6 所示，假設分散式系統中的部分節點發生故障，則按照 BASE 定理，系統應該確保基本可用，即繼續使用剩餘節點對外提供服務。如果某些功能依賴故障節點，則可以將這些功能裁剪掉。

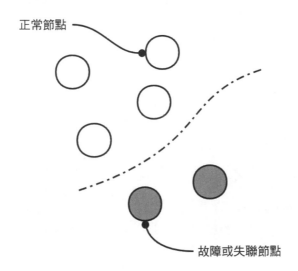

正常節點

故障或失聯節點

圖 4.6 系統節點示意圖

當外界發來變更請求時，系統應該進入軟狀態，即正常節點接收並應用變更，而故障或失聯節點維持原有狀態不變。此時外界存取系統，可能讀到變更前的結果也可能讀到變更後的結果，這取決於存取請求具體落在了哪類節點上。

為了實現最終一致性,當故障或失聯節點恢復後,應該及時從正常節點
同步最新狀態。這需要滿足以下兩點要求。

- 系統中的最新狀態必須是唯一確定的。由於系統狀態的改變是由更新
  觸發的,所以只要保證系統中的更新序列是唯一的即可。可以對系統
  中的每一項更新分配一個唯一且遞增的編號,進而保證更新的有序性
  和唯一性,而最高編號的變更執行後的狀態即為系統最新狀態。

- 存在將任意節點的狀態同步到最新狀態的機制。可以要求某個節點在
  發現系統中存在較新的狀態後,自動將自身狀態與較新狀態之間的變
  更序列補齊,如圖 4.7 所示。

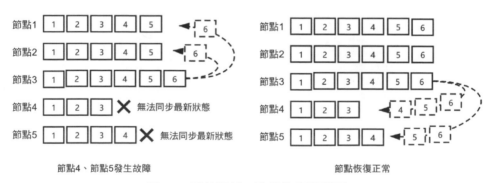

圖 4.7 系統最終一致性的實現過程

只要實現以上兩點,系統中的各個節點就可以在網路故障或節點故障消
失後更新到最新狀態。這樣,就實現了最終一致性。

另外,要注意在實現最終一致性的過程中,一定要避免出現腦分裂。

如圖 4.8 所示,假設系統在接收完變更 5 後,由於網路故障被割裂為獨
立的兩個子系統。兩個子系統無法知道對方的存在而繼續各自接收新的
變更,並都繼續給新變更編號。兩個子系統可能接收到不同的變更,分

別記為 6a 和 6b。此時，系統的最新狀態為變更 6 執行結束後的狀態，但是變更 6 卻不唯一，於是系統最新狀態的唯一性便被打破了。

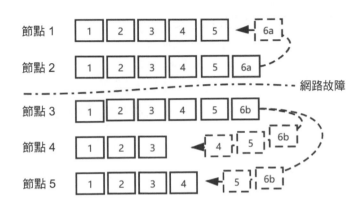

圖 4.8　腦分裂示意圖

之後，即使網路故障消除，變更 6a 和 6b 也無法合併，系統的狀態無法趨於一致，即無法滿足最終一致性。

上述過程就像是兩個子系統各自選出了一個大腦，因此，被形象地稱為腦分裂。

腦分裂發生的根本原因是割裂的兩個子系統各自獨立接收變更。要想消除腦分裂就要確保系統分割為多個子系統後，最多只有一個子系統可以接收外界的變更請求。因此，分散式系統往往要求只有超過半數節點組成的子系統才能繼續接收外界變更請求。在第 3 章中介紹的共識演算法中便運用了該思想。

BASE 定理實現了基本可用、軟狀態、最終一致性三者的統一，為 CAP 定理闡明的約束列出了可行的解決方案。因此，BASE 定理列出的相關思想在演算法、實踐、工程領域具有廣泛的應用。

4.4 本章小結

本章主要介紹分散式系統面臨的約束,並著重介紹該領域內的兩個著名定理:CAP 定理和 BASE 定理。

我們期望分散式系統能夠同時具有一致性、可用性、分區容錯性,然而這種假設太過理想。在現實中,存在一些約束使得以上三者無法同時完成。CAP 定理向我們闡明了這些約束。

BASE 定理則向我們展示了如何在 CAP 定理闡明的約束下設計分散式系統。BASE 定理指導分散式系統達到基本可用、軟狀態、最終一致性,其具有很強的指導意義。

透過前面各章節和本章的學習,我們已經較為全面地掌握了與分散式系統相關的主要理論。接下來的第 5 章~第 9 章,我們將以這些理論知識為基礎,解決分散式系統中的各類實踐問題。

Part 2

實踐篇

本章主要內容

▸ 分散式鎖的產生背景
▸ 分散式鎖的特性與設計要點
▸ 分散式鎖的分類與實現方案

在進行併發程式設計時，我們常常會用到鎖。在分散式系統中，各個節點平行工作，也需要鎖的幫助來完成資源協調和進度協調。分散式系統中的鎖更為複雜，被稱為分散式鎖。

本章將詳細介紹分散式鎖的概念、設計要點、實現方案、應用場景。閱讀本章後，你將對分散式鎖建立全面的認識。

5.1 產生背景

併發是提升系統性能的重要手段,然而總有一些操作不允許併發進行。舉例來說,當修改某個物件屬性時,多個操作方併發進行會導致屬性混亂;當執行某個單次任務時,多個操作方併發開展會導致任務被重複觸發。

在單體應用中,我們可以使用鎖來限制併發。透過鎖,可以確保某個屬性在某一時刻只能被唯一的操作方修改,可以確保某個方法在某一時刻只能被唯一的操作方呼叫。

但在分散式應用中,普通的鎖無法完成上述的限制功能。因為分散式應用中存在多個節點,而普通鎖的作用範圍被限制在了節點內部,即一個節點無法限制另一個節點中程式對某個屬性的修改或對某個方法的呼叫。

普通鎖的作用範圍被限制在節點內部的根本原因是普通鎖鎖住的是記憶體中的物件。但記憶體中的物件不是跨節點的,不同的節點有各自的記憶體,每個節點的記憶體中都可以有獨立的物件。這樣,一個節點內物件的鎖,自然不會在其他節點上發揮作用。

作用範圍被限制在節點內部的普通鎖無法避免分散式系統的衝突。如圖5.1 所示,同質節點 A、B 可以同時分別對各自記憶體中的同一個物件(如一個名為 yeecode 的物件,因為 A、B 是同質節點,則該物件在兩個節點記憶體中各存有一份)的 age 屬性設定不同的值,這是普通鎖無法避免的。然後,在後續的同步操作中,這兩個節點的資訊出現了衝突,無法合併。

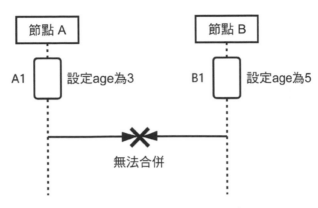

圖 5.1　同質節點的修改衝突示意圖

節點 A 和節點 B 中的一方應該在修改物件的 age 屬性值之前，對所有節點中的該物件設定一個鎖，進而避免併發修改。但是普通鎖顯然做不到，因為普通鎖只能作用在節點內部。

異質節點間也會面臨類似的問題。舉例來說，節點 A 負責生成訂單，節點 B 負責扣減庫存。當節點 A 透過節點 B 查詢到尚有充足庫存後，開始生成訂單，可在此期間節點 B 的庫存被其他呼叫方扣減。於是，節點 A 在生成訂單的過程中，卻發現庫存已經過低，無法扣減成功，如圖 5.2 所示。

節點 A 應該在節點 B 上設定一個鎖來防止庫存被其他呼叫方扣減，但是普通鎖顯然做不到，因為節點 A 設定的普通鎖只能作用在節點 A 內部，無法影響節點 B。

以上問題的產生有關分散式應用中的多個節點，無法透過節點內部的鎖解決。因此需要使用外部手段來給物件和操作加鎖，這就是分散式鎖。

接下來，我們將對分散式鎖的特性、設計要點、實現、應用場景介紹。

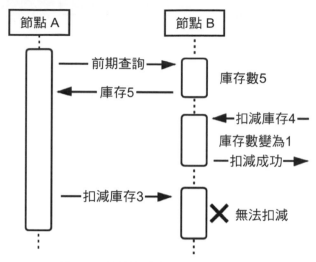

圖 5.2 異質節點的修改衝突示意圖

5.2 特性

實現分散式鎖，要確保它滿足三個特性：全域性、唯一性、遵從性。接下來我們詳細說明這三個特性。

5.2.1 全域性

全域性是說分散式鎖必須在其作用範圍內全域可見。只有保證分散式鎖的全域可見，才能使得各個節點讀取到鎖的狀態，並根據鎖的狀態協調自身的工作。

全域性有三種實現方式,我們將其複習為物理全域性、一致全域性、邏輯全域性。

物理全域性是指分散式鎖存在於一個全域可見的物理媒體上,各個節點都可以存取到這個物理媒體。該物理媒體可以是各節點共用的傳統資料庫、記憶體中資料庫等。圖 5.3 展示了在各節點可以存取的 Redis 上建立分散式鎖的示意圖。

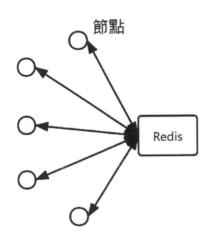

圖 5.3　物理全域性示意圖

一致全域性是指分散式鎖存在於滿足一致性(其具體要達到的一致性等級會在 5.4.4 節詳細討論)的分散式系統中。在這種情況下,來自不同呼叫方的請求可能會被分配到不同的節點上,因此每個節點都不是全域的,但是整個分散式系統是全域的,如圖 5.4 所示。並且,無論呼叫方實際存取到了哪個節點,最終呼叫方獲取的鎖的狀態是相同的。

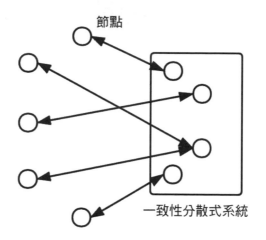

圖 5.4　一致全域性示意圖

邏輯全域性是指分散式鎖透過一個全域認可的邏輯存在於各個節點中。在這種情況下,沒有一個全域可存取的位置來存放分散式鎖。分散式鎖以一個全域邏輯的形式存在於每個節點中,如圖 5.5 所示。在 5.4.1 節中,我們會介紹採用邏輯全域性的分散式鎖。

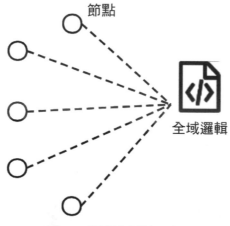

圖 5.5　邏輯全域性示意圖

5.2.2 唯一性

唯一性要求一個鎖建立後，必須是唯一的，不允許出現針對同一限制功能的兩個鎖。

在物理全域性分散式鎖中，我們要保證物理媒體中只存在一個針對某項操作的鎖。

在一致全域性分散式鎖中，要求其所在的分散式系統必須滿足一致性。否則同一時刻可能在兩個節點上各建立了一個鎖，如圖 5.6 所示，這就破壞了唯一性。關於這一點，我們會在 5.4.4 節詳細介紹。

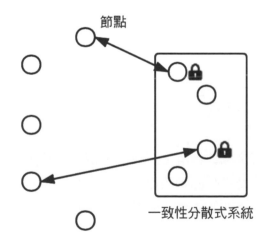

圖 5.6　唯一性的破壞範例圖

在邏輯全域性分散式鎖中，我們要保證鎖的分配邏輯是全域唯一的，且在任意時刻只會將鎖分配給一個節點。

5.2.3 遵從性

普通的悲觀鎖在節點內部具有強制排他性。當一個執行緒對某段臨界區加鎖後，其他執行緒是無法進入該臨界區的；當一個階段對資料庫中的某行記錄加鎖後，其他階段是無法操作該記錄的。

而分散式系統中的各個節點是獨立的，上述強制排他性故障了。因此，我們引入遵從性來解決這一問題。

遵從性是指各個節點必須遵從分散式鎖，而不能繞過鎖展開操作。具體來說，各節點必須在進入臨界區之前獲取分散式鎖以得到進入臨界區的許可權，不能無視鎖進入臨界區。如果獲取分散式鎖失敗，則也不得進入臨界區。節點從臨界區退出後，必須及時釋放該鎖。

5.3 設計要點

因為分散式鎖具有全域性，所以其實際上成了分散式系統中的單點。而遵從性又要求所有針對臨界區的操作必須存取分散式鎖以獲得授權。因此，分散式鎖設計的優劣將對系統的性能產生巨大的影響。

為了提升系統的整體性能，分散式鎖應該具有以下性質。

- 高可用：分散式鎖作為一個單點，如果它發生故障將直接導致各個節點無法進入臨界區，引發分散式系統的全域阻塞。因此分散式鎖必須高可用。

■ 讀寫快：分散式鎖的加鎖和釋放鎖操作可能是頻繁的，因此提升分散
　式鎖的讀寫速度十分有必要。

■ 自解鎖：任何節點設定的鎖都應該在節點當機後被自動解開，這是為
　了防止某節點在設定鎖之後當機而引發全域阻塞。

以上三個性質中，自解鎖特性容易被忽視，進而引發分散式系統的全域
阻塞。在實踐中，我們可以使用心跳機制來實現這一點。獲得鎖的節點
必須和分散式鎖保持心跳連接，在心跳連接中不斷向後更新鎖的故障時
間。而一旦心跳連接斷開，鎖會在故障時間到達後自動消失，從而保證
當機節點所建立的分散式鎖能夠被釋放。

在設計分散式鎖時，我們需要在滿足分散式鎖的三個特性的基礎上盡可
能實現上述設計要點，以便於提升系統的整體性能。

5.4　實現

在了解了分散式鎖的產生原因、特性、設計要點之後，我們接下來介紹
分散式鎖的幾種常見實現方案。

為了便於描述，我們假設存在一個需求，然後使用各種分散式鎖來實現
這一需求。需求如下。

在一個分散式系統中，存在多個同質的節點。該系統需要在每天夜間
2:00 執行一個定時任務。該定時任務不允許併發，只能有一個節點執
行。

5.4.1 邏輯分散式鎖

邏輯分散式鎖即採用邏輯全域性而設計的分散式鎖。

假設需求中的分散式系統包含 7 個節點,各個節點可以讀取自身的 IP 位址 address1 ～ address7。在執行定時任務時,同質的邏輯程式可以根據日期在節點之間分配任務。如果當前是週一則將任務分配給 address1 節點,如果當前是週二則將任務分配給 address2 節點,依次類推。這種方式實際是建立出了一個不可見的邏輯分散式鎖,這一個邏輯分散式鎖的所有權在 7 個節點中依次流轉。

邏輯分散式鎖實現起來最為簡單,不需要增加任何的外部媒體來存放鎖。但邏輯分散式鎖的運轉需要在同質化的節點中找到特異性的特徵,常見的有 IP 位址、MAC 位址、節點的唯一名稱、本地設定資訊等。這種操作使節點與部署節點的裝置、本地設定資訊等進行了綁定,不利於系統的擴充和維護。

邏輯分散式鎖不需要存取儲存媒體,僅需要節點內部的邏輯運算便可以判斷出自身是否獲得鎖,因此讀寫速度很高。

但是,邏輯運算並不能夠辨識某個節點的當機,可能會將鎖分配給一個當機的節點。因此,邏輯分散式鎖難以實現高可用和自解鎖。

邏輯分散式鎖適合用在小系統或測試系統中。

5.4.2 唯一性索引分散式鎖

如果儲存媒體支援唯一性索引,那麼可以以它為基礎很方便地實現分散式鎖。常見的資料庫都支援唯一性索引。

首先，我們要確保資料庫可以被所有節點存取到。然後，我們設計一個包含兩個欄位的表，對應的 SQL 敘述如下所示。

```
CREATE TABLE `lock` (
  `date` varchar(255) NOT NULL,
  `uuid` varchar(255) NOT NULL,
  PRIMARY KEY (`date`)
);
```

當到達定時任務執行時間時，各個節點各自生成一筆記錄，其中 date 屬性為任務當天的日期，uuid 屬性為節點生成的一段隨機字串，並將其寫入資料庫的 lock 表中。由於 date 屬性作為主鍵開啟了唯一性約束，所以最終只有一個節點寫入成功。

寫入之後，節點透過 date 屬性讀出這筆記錄，並與自身生成的 uuid 屬性進行比較。如果資料庫中的 uuid 和自身生成的 uuid 一致，則說明是該節點寫入成功，獲得執行任務的許可權；否則說明該節點在執行許可權的搶奪中失敗，不能執行定時任務。

有一些資料庫支援記錄的 TTL（Time-To-Live，存活時間）設定，我們可以透過為記錄設定 TTL 來實現自解鎖功能。當節點存活時，會每隔一段時間去資料庫延長自身持有鎖的 TTL。一旦節點當機，記錄則會在到達 TTL 後被資料庫刪除。如果資料庫不支援記錄的 TTL 設定，那麼必要時可以單獨設計一個 TTL 服務以協助資料庫完成 TTL 功能。

這種分散式鎖的設計依賴資料庫的唯一索引，保證了分散式鎖的唯一性。對於不支援唯一性索引的存放裝置並不適用。

5.4.3 唯一性驗證分散式鎖

在不支援唯一性索引或未開啟唯一性索引的儲存媒體中，實現分散式鎖要複雜一些。舉例來説，有的開發者會設計出下列所示的分散式鎖。

（1）節點驗證鎖媒體中是否存在鎖，如果媒體中不存在鎖，則建立一個鎖。

（2）節點讀取媒體中的鎖，驗證該鎖是否為該節點自己建立。如果確實為該節點自己建立，則代表該節點獲得了鎖。

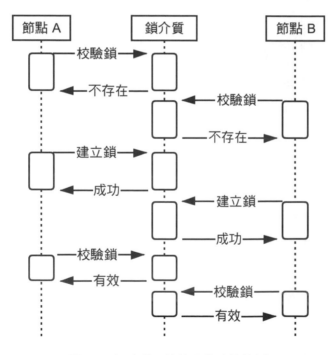

圖 5.7　打破唯一性的分散式鎖範例

由於併發，這種鎖設計違反了分散式鎖的唯一性。我們透過圖 5.7 證明這一點。節點 A 和節點 B 先後驗證到鎖媒體中不存在鎖，然後分別建立了鎖。接下來，節點 A 和節點 B 又分別讀取到了自身建立的鎖，各自認為自己的鎖有效。這樣，鎖媒體中存在兩個有效鎖，分散式鎖的唯一性被打破。

一種可行的分散式鎖設計方案是這樣的，我們將其稱為唯一性驗證分散式鎖。該鎖需要包含三個屬性。

- 鎖對應的交易編號。在這裡是指 date，即當天的定時任務執行許可權。
- 鎖對應的 uuid。該值由鎖的建立節點隨機生成。
- 鎖對應的建立時間。該時間由鎖媒體生成，精度可以設定的高一點。只有鎖媒體中的時間才能保證全域一致，而任何節點自身的時間都是不可信的。

整個分散式鎖的執行演算法如下。

（1）節點向鎖媒體中寫入一個鎖。寫入鎖時，由節點列出交易編號、生成 uuid，由鎖媒體列出鎖的建立時間。如果發現鎖媒體中已經存在該交易的鎖，則直接認定自身在此次執行許可權的搶奪中失敗，放棄後續的操作。

（2）節點向鎖媒體讀取當前交易編號下所有的鎖。

（3）節點對讀取到的鎖按照時間排序，取時間最早的。如果出現時間並列的情況（在節點許多的情況下，這種機率並不低），則在其中取 uuid 最小的。

（4）節點用自身寫入鎖時生成的 uuid 驗證步驟（3）中取出的鎖，如果鎖的 uuid 和自身寫入鎖時生成的 uuid 一致，則表示該節點獲取到了鎖；不然該節點在此次執行許可權搶奪中失敗。

這樣，透過鎖媒體列出的全域時間和 uuid 共同確認出了唯一一個有效的分散式鎖，保證了分散式鎖的有效性。

要注意的是，如果鎖媒體不支持時間戳記且沒有一個外部的全域時間，則不能透過這種方式生成分散式鎖，因為各個節點自身列出的時間戳記都是不可信的。其實在 5.4.2 節中介紹的方式，實際也是透過資料庫的唯一性索引獲得了一個全域時間。唯一性索引提供的全域時間無法判斷時間的長短，但是能夠判斷寫入操作的先後。

5.4.4 一致性分散式鎖

一致性分散式鎖是指在一個分散式系統中建立分散式鎖，該鎖在物理媒體上是分佈的，但在邏輯表現上是唯一的。

在唯一性索引分散式鎖、唯一性驗證分散式鎖中介紹的相關實現案例，在這裡同樣適用，我們不再贅述。這一節我們著重探討使用分散式系統建立分散式鎖時要面臨的新問題。

我們說過一致性分散式鎖所在的分散式系統必須要支援一致性，那麼必須要支援哪種等級的一致性呢？

我們先假設媒體系統支援順序一致性。如圖 5.8 所示，節點 A 和節點 B 分別在媒體系統的節點 X 和節點 Z 上建立了鎖，並都透過節點 Y 讀取到了鎖。

圖 5.8 中展示的情況是可能的，因為順序一致性不對節點間事件的先後順序進行限制，即我們無法判斷透過節點 X 和節點 Z 建立的兩個鎖中，哪個建立時間更早，也便無法判斷哪一個鎖是唯一有效的。

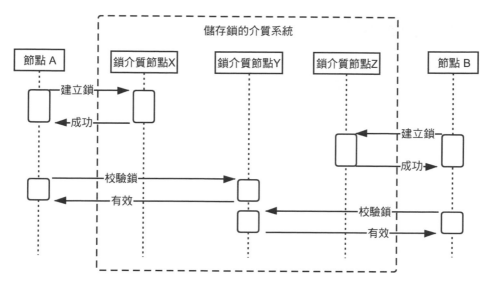

圖 5.8 順序一致性媒體系統中的分散式鎖

可見在順序一致性系統中，無法滿足分散式鎖的唯一性。所以，要想支援一致性分散式鎖，媒體系統必須支援全域事件排序，即達到線性一致性。

我們常使用 ZooKeeper、Redis 等作為分散式鎖的媒體系統，這時要確保相關操作滿足線性一致性。

 備註

透過第 12 章我們會了解到 ZooKeeper 預設滿足的是順序一致性。因此，要想在 ZooKeeper 中放置鎖必須要使用 ZooKeeper 提供的交易功能。ZooKeeper 使用兩階段提交演算法支援交易操作，兩階段提交演算法是滿足線性一致性的。

5.5　應用場景

分散式鎖的應用場景有很多。接下來我們對典型的應用場景介紹。更多的應用則根據大家的具體需求開展。

單次任務執行。如 5.4 中所舉的例子，分散式鎖可以幫助我們從許多分散式節點中選出一個來執行某項只允許執行一次的任務。這種方式比我們具體指定某台機器執行要更可靠。因為指定的機器可能當機，而採用分散式鎖的方式則能幫助我們從存活的節點中選出一個來執行任務。

資源佔用。某些資源無法支援所有分散式節點同時使用，這時我們可以建立分散式鎖來實現資源設定。所有希望使用資源的節點先爭奪資源對應的鎖，並在獲得鎖後使用對應的資源。

身份搶奪。分散式系統可能需要從多個節點中選出一個節點作為協調者。分散式鎖可以幫助完成這一身份搶奪過程。當節點發現上一任協調者消失時，可以爭搶建立分散式鎖，最終成功建立分散式鎖的節點，便成為新的協調者。

5.6　本章小結

本章從分散式鎖的應用背景出發引出了分散式鎖的概念。

首先，我們提出了分散式鎖要滿足的三個特性：全域性、唯一性、遵從性，並解釋了三個特性的具體含義，這為我們設計分散式鎖提供了指導。

然後，我們複習了分散式鎖的設計要點，並詳細介紹了分散式鎖的種類。其種類包括邏輯分散式鎖、唯一性索引分散式鎖、唯一性驗證分散式鎖、一致性分散式鎖，並詳細介紹了各類分散式鎖的內在原理和實現方案。

最後，我們還複習了分散式鎖的應用場景，包括實現單次任務執行、實現資源佔用、實現身份搶奪等。

分散式鎖可以協調分散式系統中各節點的工作，如果用它來協調一段程式的執行，那麼就可以建構出分散式交易。在第 6 章中，我們將詳細介紹分散式交易。

分散式交易

說起交易,我們並不陌生。但要想在分散式系統中實現交易卻要破費幾番周折。

本章將詳細介紹分散式交易。不過本章的內容稍顯龐雜,導致結構層級上有些複雜。為了便於大家了解,我們首先列出本章的結構圖,如圖 6.1 所示。

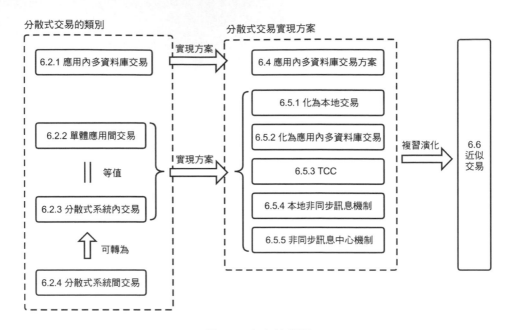

圖 6.1　本章結構圖

在本章中，我們首先討論分散式交易的類別；然後討論不同類別之間的關係，以及不同類別的分散式交易該如何實現；最後我們複習分散式交易的實現方案，並提出了近似交易的概念。

6.1　本地交易與分散式交易

交易最早是指資料庫交易，是許多資料庫提供的一項基本功能。

在資料庫提供的交易的基礎上，可以實現巢狀結構交易。巢狀結構交易是指由多個交易組合成的交易。在巢狀結構交易中，最外層的交易被稱為頂層交易，而其他的交易被稱為子交易[1]。

無論單一的交易還是巢狀結構交易，只要其最終實現上只包括一個資料庫，則屬於本地交易。

分散式應用中的某些操作也需要以交易的形式完成。舉例來說，第 5 章中圖 5.2 介紹的生成訂單和扣減庫存的範例便可以用交易實現，如圖 6.2 所示。

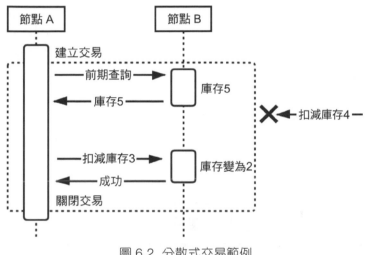

圖 6.2　分散式交易範例

顯然，圖 6.2 所示的交易是巢狀結構交易，且其兩個子交易分別在節點 A 的資料庫和節點 B 的資料庫上。這種子交易分佈在多個資料庫上的巢狀結構交易叫做分散式交易。分散式交易的實現要考慮資料庫當機、網路中斷等情況，要比本地交易複雜很多。

單體應用中的交易多是本地交易，但也可能是分散式交易。這部分內容我們會在 6.2.1 節介紹。

接下來，我們將詳細介紹分散式交易的分類和實現方案。

6.2 分散式交易的類別

根據分散式交易中子交易位置的不同,可以將分散式交易分為很多類別。接下來我們介紹一下分散式交易常見的幾種類別。

6.2.1 應用內多資料庫交易

應用內多資料庫交易是指子交易位於同一個應用(或節點)的多個資料庫上。這是一種比較簡單的分散式交易。

舉例來說,圖 6.3 所示的單體應用,它自身連接了兩個不同的資料庫。如果該應用在一個交易內同時操作這兩個資料庫,那麼這個交易就是分散式交易。

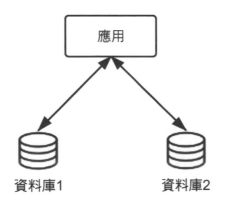

圖 6.3 連接兩個資料庫的單體應用

6.2.2 單體應用間交易

如果一個交易操作要包括多個單體應用,那麼這一分散式交易是單體應用間交易。這種情況下,子交易位於多個單體應用中。

舉例來說,圖 6.4 所示的系統中,應用 A 是績效應用,應用 B 是薪水應用,績效核算的結果將影響薪水核算。我們要求某位員工的績效不是未被核算,就是就完成核算並記錄到薪水應用中。決不允許出現某位員工的績效已經核算完成,但是卻沒有計入薪水應用的情況。這時,就需要一個包含應用 A 和應用 B 的分散式交易。

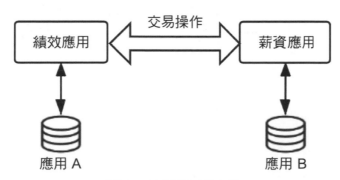

圖 6.4 單體應用間交易

我們可以直接把圖 6.4 簡化為圖 6.5 的形式。

圖 6.5 單體應用間交易簡化示意圖

6.2.3 分散式系統內交易

在包含多個節點的分散式系統中實現交易，則子交易會位於不同的節點上。這種情況是分散式系統內交易。

舉例來說，圖 6.6 所示的分散式系統作為分散式鎖的媒體對外提供服務。系統必須保證某一節點在接收到上鎖請求後建立鎖，並使鎖立即在各個節點上可見，以防重複上鎖違反分散式鎖的唯一性。

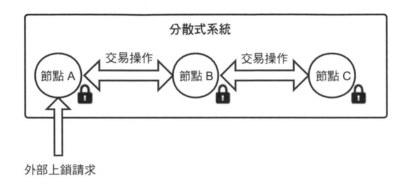

圖 6.6 分散式系統內交易

6.2.4 分散式系統間交易

分散式系統間交易是分散式交易的一種更為複雜的表現形式。這種場景下，多個分散式系統共同完成一個交易，於是子交易會分佈在不同分散式系統的不同節點上。

如圖 6.7 所示，分散式系統 1 是包含許多節點的訂單系統，分散式系統 2 是包含許多節點的庫存系統。如果要以交易的形式實現生成訂單和扣減庫存的操作，則是分散式系統間交易。

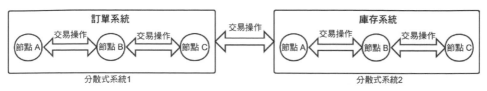

圖 6.7 分散式系統間交易

執行圖 6.7 所示的交易後，不是生成訂單和扣減庫存操作均不成功，就是兩者均成功，且成功的結果立刻反映到訂單系統和庫存系統的每個節點上。

6.3 分散式交易的類別複習

以上各種分散式交易的形式是相互連結的，簡單的形式可以巢狀結構成複雜的形式。分散式交易類型關係如圖 6.8 所示。

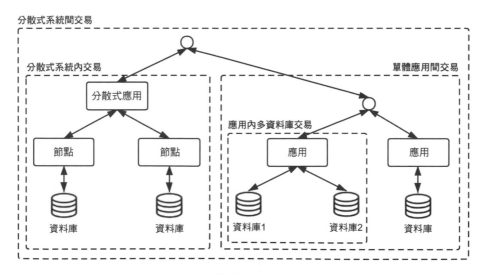

圖 6.8 分散式交易類型關係圖

由圖 6.8 可知，應用內多資料庫交易是分散式交易最簡單的表現形式，它只是包括多個資料庫，而不包括其他的應用或節點。

單體應用間交易和分散式系統內交易十分類似，都可以採用相同的實現方案，區別在於參與方是應用還是節點。

分散式系統間交易從結構上來看最為複雜，但實現上並沒有比分散式系統內交易難太多。只要先實現分散式系統內交易，然後建立一個分散式交易將各個分散式系統內交易巢狀結構起來即可。因此，可以將分散式系統間交易看作是分散式系統內交易的串聯。

所以，接下來，我們會著重介紹應用內多資料庫交易、單體應用間交易（也包括分散式系統內交易）這兩類的實現方案。

6.4 應用內多資料庫交易方案

應用內多資料庫交易出現的基礎是一個應用連接了多個資料庫。

有許多種方法可以讓一個應用連接多個資料庫。以 MyBatis 為例，下面程式列出了設定多個資料來源的方法。這樣設定結束後，XML 映射檔案會根據自身的 basePackage 選擇對應資料來源的設定項目。

```
<!-- 第一個資料來源-->
<bean id="datasource01" class="org.springframework.jndi.
JndiObjectFactoryBean"
     p:jndiName="java:comp/env/jdbc/DataSource01"/>

<bean id="datasource01tx" class="org.springframework.jdbc.datasource.
DataSourceTransactionManager"
```

```
        p:dataSource-ref="datasource01"/>

<bean id="datasource01SqlSessionFactory" class="org.mybatis.spring.
SqlSessionFactoryBean"
        p:dataSource-ref="datasource01"
        p:configLocation="classpath:mybatis-config.xml"/>

<tx:annotation-driven transaction-manager="datasource01tx"/>

<bean class="org.mybatis.spring.mapper.MapperScannerConfigurer"
        p:basePackage="top.yeecode.application.dao.first"
        p:sqlSessionFactoryBeanName="datasource01SqlSessionFactory"/>

<!-- 第二個資料來源-->
<bean id="datasource02" class="org.springframework.jndi.
JndiObjectFactoryBean"
        p:jndiName="java:comp/env/jdbc/DataSource02"/>

<bean id="datasource02tx" class="org.springframework.jdbc.datasource.
DataSourceTransactionManager"
        p:dataSource-ref="datasource02"/>

<bean id="datasource02sqlSessionFactory" class="org.mybatis.spring.
SqlSessionFactoryBean"
        p:dataSource-ref="datasource02"
        p:configLocation="classpath:mybatis-config.xml"/>

<tx:annotation-driven transaction-manager="datasource02tx"/>

<bean class="org.mybatis.spring.mapper.MapperScannerConfigurer"
        p:basePackage="top.yeecode.application.dao.second"
        p:sqlSessionFactoryBeanName="datasource02sqlSessionFactory"/>
```

要想在兩個資料庫間實現分散式交易，我們可以在應用內建立一個巢狀
結構交易，並在該交易內包含兩個資料庫的操作，如圖 6.9 所示。

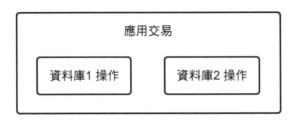

圖 6.9 應用內多資料庫交易方案

下面程式列出了相關的虛擬程式碼實現。

```
@Transactional
public void operate() {
    datasource01Dao.addRecord(record01);
    datasource02Dao.addRecord(record02);
}
```

這樣，兩個資料庫的交易便被巢狀結構到了一個應用交易中，可以做到
一起提交、一起回覆，十分方便。

6.5 單體應用間交易方案

相比跨資料庫交易，單體應用間交易需要協調多個應用（分散式系統內
交易需要協調多個節點，兩者是近似的），其不穩定因素更多。舉例來
説，應用之間的網路通訊可能發生故障，應用也可能當機。因此，單體
應用間交易的實現難度更大。

接下來，我們介紹相關的實現方案。

6.5.1 化為本地交易

單體應用間交易會牽扯多個應用、多個資料庫,並且應用間需要通訊,應用與資料庫間也需要通訊。應用、資料庫都可能會當機,各種通訊都有可能會斷開,對於單體應用間交易而言,這些都是不穩定因素。無論如何最佳化,這些不穩定因素都無法完全消除。

因此,解決分散式交易問題的最好辦法是避免分散式交易。

我們常常以業務維度作為應用劃分的依據,如將應用劃分為績效應用和薪水應用。而很多時候以功能維度進行應用劃分可能是更合理的,尤其是當多個業務應用常常以分散式交易的形式協作工作時。

舉例來說,績效應用和薪水應用經常需要以分散式交易的形式進行核算工作,此時我們可以考慮將兩個業務應用從功能的維度出發合併為一個核算應用。或,可以將績效應用和薪水應用的核算功能抽離出來組成一個單獨的核算應用,如圖 6.10 所示。這樣,我們就把分散式交易轉化成了核算應用的本地交易。

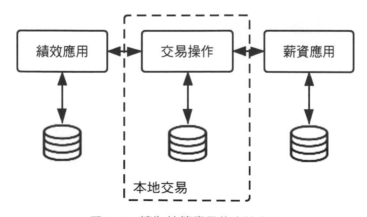

圖 6.10 轉為核算應用的本地交易

有些系統設計為分散式系統是為了增加系統平行計算能力,而非為了增加 I/O 能力。在這類分散式系統中,可以考慮採用各節點共用資料庫的方式來避開分散式交易,如圖 6.11 所示。單一的資料庫更容易處理交易,且不會給各節點的運算能力帶來太大的瓶頸。

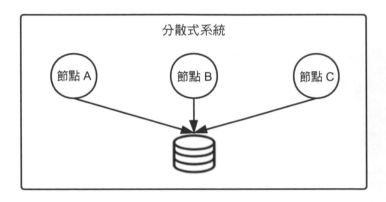

圖 6.11　分散式系統中節點共用資料庫

有些系統設計為分散式系統是為了增加系統分散式容錯能力、資料備份能力,而非為了增加 I/O 能力。如果這類系統中需要經常實現分散式交易操作,則可以直接將系統轉化為單體應用。因為分散式交易的參與方中,只要有一個資料庫當機便會導致資料庫交易無法開展,因此,資料庫越多反而越增加系統不可用的機率。在這種情況下,可以對採用主從複製的方式完成對資料庫中資料的備份。

在分散式交易操作頻繁的系統中,將交易參與方整合到一個資料庫中是我們首要考慮的解決方案。

6.5.2 化為應用內多資料庫交易

如果交易的各個參與方無法進行合併，但又會頻繁出現交易操作。這時，我們就可以考慮為交易的參與方單獨設立一個交易處理應用。

舉例來說，圖 6.12 中應用 C 作為一個交易處理應用，同時連接了應用 A 和應用 B 的資料庫。

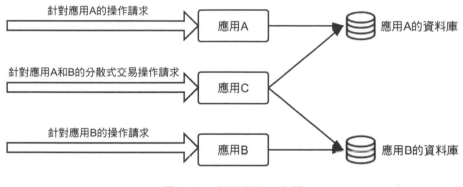

圖 6.12 交易應用示意圖

在圖 6.12 所示的系統中，同時包括兩個資料庫的交易操作由應用 C 處理，其他操作則由應用 A 或應用 B 處理。

這樣，我們將單體應用間交易化為了應用內的資料庫交易。這樣的轉化使得交易不再跨應用，因此減少了應用當機、應用間通訊故障這兩個不穩定因素。

6.5.3 TCC

在第 2 章中介紹的兩階段提交和三階段提交，它們都可以實現分散式交易。

不過，兩階段提交和三階段提交會造成分散式系統各個節點的阻塞，影響系統的併發性能。有沒有既能夠實現分散式交易，又不會導致各個節點阻塞的方案呢？

有，就是我們要介紹的 TCC。

TCC 是 Try-Confirm-Cancel 的縮寫，它將整個分散式交易分成了 Try（嘗試）、Confirm（確認）、Cancel（撤回）三個階段。

TCC 和兩階段提交（2PC）十分類似，因為其 Try 對應了 2PC 中的準備階段，其 Confirm 和 Cancel 分別對應了 2PC 中提交階段的 Commit 和 Rollback。但 TCC 更為溫和。在 TCC 的執行過程中，不會建立全域鎖，因此不會導致各個節點的阻塞。

TCC 的核心思想是在初始狀態和結束狀態之間引入一個新的暫存狀態，從而將從初始狀態到結束狀態的一步操作拆解為從初始狀態到暫存狀態的 Try 操作、從暫存狀態到結束狀態的 Confirm 操作、從暫存狀態到初始狀態的 Cancel 操作。整個 TCC 的狀態轉換過程如圖 6.13 所示。

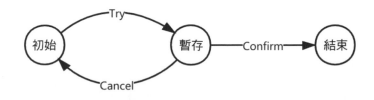

圖 6.13 整個 TCC 的狀態轉換過程

TCC 的實現比較簡單和成熟，目前也有很多支持 TCC 的框架。這裡我
們以一個具體的範例講解如何以 TCC 完成分散式交易為基礎。

假設存在一個任務應用，它會逐項核算任務，將任務的狀態從未核算轉
為已核算。每一項任務核算完成後，需要在績效應用中新增一筆記錄，
在薪水應用中修改薪水金額，往通知應用發送一筆訊息。以上這些操作
需要在交易中展開，如圖 6.14 所示。

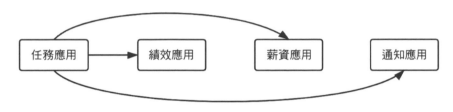

圖 6.14 分散式交易的參與方

接下來，我們向大家展示每個階段的具體實現，以此來介紹 TCC 的使
用。

▨ Try 階段

對一個操作進行 TCC 改造時，最重要的工作就是確定系統的暫存狀態，
即 Try 操作結束後，系統應該進入的狀態。接下來，我們介紹不同應用
場景下 Try 操作的具體實現和 Try 結束後進入的暫存狀態。

任務應用需要在 Try 操作中完成所有的核算任務，並將核算的結果寫入
資料庫。但此時不應該將任務狀態從「未核算」更改為「核算結束」，
而應該更改為「核算中」，如圖 6.15 所示。如果系統要進行一些整理或
狀態展示等操作，則應該將處在「核算中」的記錄等於「未核算」看
待，不允許讀取其核算結果。

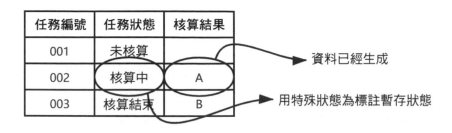

圖 6.15 用欄位標示記錄變更未生效

績效應用需要在 Try 操作中完成新增記錄前的所有前置操作,並向資料庫中插入新記錄。但記錄的狀態應該設定為一個中間狀態,如「插入中」,如圖 6.16 所示。對於處於「插入中」狀態的資料,在各項其他操作中都當作該資料不存在。

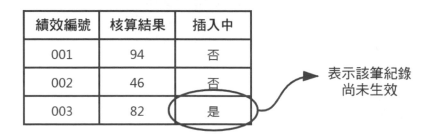

圖 6.16 用欄位標示記錄插入未生效

薪水應用需要修改薪水數額,該操作很難拆分出一個暫存狀態。因此,我們可以在設計資料庫時單獨增加一個專門的欄位,如「新數額」欄位。對薪水數額進行各種必要的驗證後,將其寫入「新數額」欄位,而非寫入「薪水數額」欄位。各種其他操作仍然以「薪水數額」欄位中的資料為準,而忽略「新數額」欄位,如圖 6.17 所示。

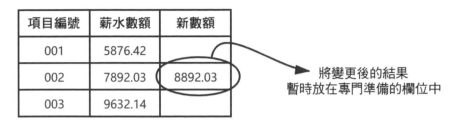

項目編號	薪水數額	新數額
001	5876.42	
002	7892.03	8892.03
003	9632.14	

將變更後的結果
暫時放在專門準備的欄位中

圖 6.17 用欄位暫存新結果

通知應用需要接收一筆訊息。但是接收到 Try 操作中的這筆訊息時，不可以直接發出，而應將該訊息放入快取佇列，然後對訊息進行全面驗證，如驗證訊息收件人是否存在、訊息內容是否過長、訊息附件是否過大等。

如果順利，那麼經過 Try 操作後，各個系統都會進入到暫存狀態。任何一個系統進入暫存狀態成功，都需要給 TCC 的發起方回應成功訊息；而如果進入暫存狀態的過程中出現問題，則給 TCC 發起方回應失敗訊息。

如果 TCC 發起方在一定時間內收到了所有參與方進入暫存狀態成功的訊息，則 TCC 操作進入 Confirm 階段；不然 TCC 操作進入 Cancel 階段。

為了保證整個 TCC 操作的順利進行，在設計 Try 階段時要遵循以下原則。

■ 覆蓋風險點：TCC 中的 Try 階段是完成具體工作的核心階段，要儘量保證整個 TCC 的所有問題會在這一階段曝露出來，以盡可能降低之後操作的失敗機率。因此，在這一步要盡可能地覆蓋所有的風險點，如驗證資料庫是否讀寫、外部系統是否線上、各種業務約束是否符合等。

- 成敗可判定：Try 階段的成功與否將決定 TCC 操作接下來進入 Confirm 階段還是 Cancel 階段。因此，Try 操作必須是可以判斷成功和失敗的。

- 可回覆：在 Try 階段中，如果有部分參與方失敗，則各個參與方會在接下來進入 Cancel 階段並進行回覆。因此，Try 操作必須是可回覆的操作。

☑ Confirm 階段

如果各參與方均成功完成了 Try 操作，則 TCC 進入 Confirm 階段。

在 Confirm 階段，TCC 的發起方向參與方發起 Confirm 操作請求，各個參與方接收到請求後開展自身的 Confirm 操作。在本節中，任務應用作為 TCC 的發起方，需要完成自身的 Confirm 操作，並向各個參與方發起 Confirm 操作請求。

任務應用需要將當前正處在「核算中」狀態的任務修改為「核算結束」狀態。

績效應用需要將已經插入結束並處在「插入中」的資料修改為「已插入」狀態。

薪水應用需要使用「新數額」欄位的值覆蓋「薪水數額」欄位的值。

通知應用需要將快取佇列中的訊息發出。

各應用在 Confirm 操作結束後還要給 TCC 的發起方發送操作成功的訊息。

如果 TCC 發起方在一定時間內收齊了各個參與方 Confirm 操作成功的訊

息,則表示整個 TCC 操作以成功的狀態結束;不然表示 TCC 操作中出現異常。

Confirm 操作在設計中要注意滿足以下要求。

- 高成功率:Confirm 階段如果失敗,則代表整個 TCC 操作出現了異常,需要透過外部核查等手段進行處理。因此,Confirm 操作的成功率一定要高。通常將可能失敗的操作放入 Try 階段,而在 Confirm 階段只進行一些微小的極少失敗的變更。

- 成敗可判定:Confirm 操作的成敗決定了 TCC 操作的成敗。因此,其結果需要可以判斷,以便作為整個 TCC 操作的回饋。

◪ Cancel 階段

如果各參與方中存在未完成 Try 的情況,則 TCC 進入 Cancel 階段。

在 Cancel 階段,TCC 的發起方向參與方發起 Cancel 操作請求,各個參與方接收到請求後開展自身的 Cancel 操作。在本節中,任務應用作為 TCC 的發起方,需要完成自身的 Cancel 操作,並向各個參與方發起 Cancel 操作請求。

任務應用需要將核算產生的資料刪除,並將當前正處在「核算中」狀態的任務修改為「未核算」狀態。

績效應用需要將已經插入並處在「插入中」的資料直接刪除。

薪水應用需要將「新數額」欄位的值刪除。

通知應用接收到 Cancel 操作請求後,需要將對應的訊息在快取佇列中找出來並刪除。

各應用在 Cancel 操作結束後還要給 TCC 的發起方發送操作成功的訊息。

如果 TCC 發起方在一定時間內收齊了各個參與方 Cancel 操作成功的訊息，則表示整個 TCC 操作成功回復；不然表示 TCC 操作中出現異常。

Cancel 操作在設計中要注意滿足以下要求。

- 高成功率：Cancel 階段如果失敗，TCC 操作也會出現異常，需要透過外部核查等手段進行處理。因此，Cancel 操作的成功率一定要高。一般情況下，Cancel 操作是 Try 操作的逆操作，可能流程比較複雜。不過因為 Cancel 操作緊隨 Try 操作而進行，所以只要 Try 操作成功且在此期間環境沒有發生突變，Cancel 操作也會成功。

- 成敗可判定：Cancel 操作的成敗決定了 TCC 操作是否出現異常。因此，其結果需要可以判斷，以便作為整個 TCC 操作的回饋。

☒ TCC 操作複習

TCC 的原理比較簡單，使用時最重要的是對 TCC 參與方的操作進行一些拆分。將其拆分為 Try、Confirm、Cancel 三個子操作，然後按照既定的流程呼叫這三個子操作。

在進行 TCC 操作設計時，核心工作是暫存狀態的選取。要保證從初始狀態到暫存狀態的轉化可以覆蓋盡可能多的風險點，暫存狀態到結束狀態的轉化成功率高，暫存狀態是可以回覆到初始狀態的。

在實際應用中，TCC 的具體表現形式十分多樣，如可以在 Try 階段建立一個不可見的訂單，在 Confirm 階段使訂單可見，在 Cancel 階段刪除不可見訂單等。遵循上文列出的各環節設計要求，我們可以結合不同的使用場景設計出不同的 TCC 應用方案。

TCC 操作也有很明顯的缺點。當 Confirm 操作或 Cancel 操作失敗時，TCC 操作會處在一個不確定的狀態中，這種情況下需要外部機制協助處理。舉例來說，可以將其記錄到 TCC 異常日誌中，進行人工對賬核查。

6.5.4 本地非同步訊息機制

前面介紹的各種實現分散式交易的機制都是同步的，當發起交易操作的請求返回時，交易也就結束了。這種同步的分散式交易可以幫助分散式系統實現線性一致性，具有廣泛的應用場景。同步的分散式交易機制如圖 6.18 所示。

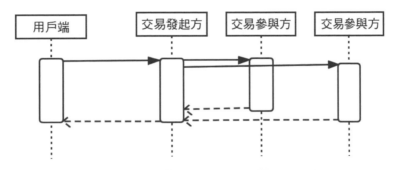

圖 6.18 同步的分散式交易機制

但是同步的分散式交易的實施代價很高，需要用戶端等待交易完成。有時只要求相關參與方能夠確保操作完成，允許各方操作過程中存在一定延遲。舉例來說，任務應用核算完成一筆任務後，績效應用並不需要即時增加一筆記錄，而允許出現一定的延遲。這類場景可以採用非同步分散式交易。

同步的分散式交易會因為部分參與方的當機、掉線而無法完成,進而導致整個交易阻塞。而非同步的分散式交易對分散式系統的可靠性具有更高的容忍度,即使某些模組暫時當機、掉線,只要在一定時間內重新恢復工作,都不會影響整個交易的完成。非同步的分散式交易機制如圖 6.19 所示。

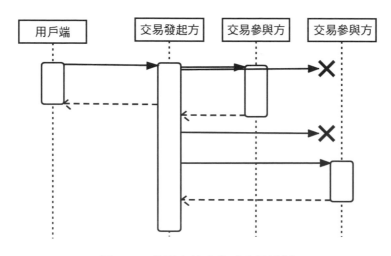

圖 6.19 非同步的分散式交易機制

本地非同步訊息機制是一種非常簡單的非同步分散式交易機制,它透過不斷重試來確保交易參與方能順利完成交易中要求的工作。

使用本地非同步訊息機制進行分散式交易時,交易的發起方需要開啟本地交易,在本地交易內完成以下工作。

- 交易發起方完成交易內自身負責的部分操作。
- 將通知其他參與方開展操作的訊息寫入本地訊息中心。每個參與方至少對應一筆訊息,允許一個參與方接收多筆訊息,但不允許多個參與方共用一筆訊息。這個過程為生產訊息的過程。

完成上述兩個工作後，交易發起方便可以向用戶端回應，表示交易接收成功。接下來，交易發起方會輪詢自身的訊息中心中是否有未成功收到回饋的訊息，並嘗試將這些訊息送達交易參與方。

交易參與方收到交易發起方的操作訊息後，完成訊息中規定的操作。如果操作成功完成，則向交易發起方回覆訊息表示操作成功完成。

交易發起方收到交易參與方發出的操作成功完成的訊息後，將對應的訊息從自身資料中心刪除，表示訊息被成功消費。只要交易參與方在訊息接收、執行、回覆的任何一個環節出現問題，訊息都不會被消費。這保證了訊息消費的可靠性。

特殊情況下，可能出現交易參與方接收、執行訊息成功而回覆訊息失敗的場景。這時，交易參與方會重複接收到該訊息，即發生訊息的重複消費。為避免這種情況發生，需要交易參與方的介面滿足冪等性。關於冪等性，我們會在第 9 章詳細介紹。

使用本地非同步訊息機制實現分散式交易時，實際是假設交易參與方在收到交易發起方的操作請求時能夠成功完成。如果交易參與方因為一些異常無法完成操作，則會導致對應的訊息一直無法被消費而被重複發出，進而對整個系統的執行帶來負擔。在實際生產中常常透過不斷增加訊息發送的重試時間間隔，來防止這類訊息對系統造成太大的影響。

如果一個訊息存在於交易發起方而一直無法被消費，則需要外部機制採用對賬等手段處理。

以本地非同步訊息機制為基礎設計分散式交易時要注意，一般將最複雜和最容易失敗的操作的執行方選為交易的發起方，這樣可以儘量降低訊息消費失敗的機率。

使用本地非同步訊息機制時，只有交易發起方的內部操作和訊息生成過程是同步的，而其他參與方的操作都是非同步的。因此，如果存在一些必須同步執行的操作，則需要將這些操作的執行方選為交易的發起方。

6.5.5 非同步訊息中心機制

在使用本地非同步訊息機制時，交易發起方需要在本地完成訊息的檢索、重試、刪除等工作。可以將這些工作交由一個獨立的應用來處理，這個獨立的應用就是非同步訊息中心。

非同步訊息中心的出現使得交易發起方的功能更為純粹，而且一個非同步訊息中心可以供多個交易發起方共用，進而實現了更為清晰的職責分離。

使用非同步訊息中心後，交易發起方在進行分散式交易時需要開啟本地交易，在本地交易中完成自身需要完成的操作，並把生產的訊息發送到非同步訊息中心。

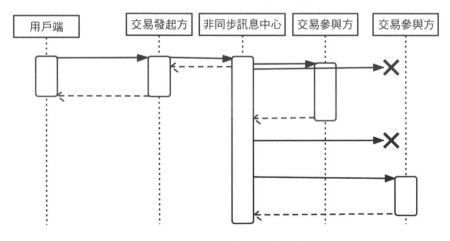

圖 6.20 非同步訊息中心機制

接下來，非同步訊息中心採用重試機制保證其中的訊息被各個交易參與方消費。非同步訊息中心機制如圖 6.20 所示。

非同步訊息中心作為一個應用獨立出來後，可以透過主從備份等方式提升其執行穩定性，因此非同步訊息中心機制通常比本地非同步訊息機制更為可靠。

一般來說這類非同步訊息中心不需要單獨設計和開發。常見的訊息系統中介軟體都可以滿足要求，並且可以透過設定來避免訊息遺失。關於訊息系統中介軟體，我們會在第 11 章介紹。

6.6 近似交易

我們已經對本地交易、分散式交易進行了介紹，並對分散式交易的實現方案進行了分析。在這一節我們將複習上述各類交易的實現過程，探討出一個相對獨立的概念，我們稱之為近似交易。

無論是本地交易，還是分散式交易，最終都是以資料庫交易為基礎實現的。但在軟體開發中，總會有些非資料庫的操作，這些操作可能是無法判斷成功或失敗的，也可能是無法回覆的，如刪除檔案、重新啟動應用、發送郵件等。如果想要將這些操作也放入交易中進行，則這時可以採用我們將要介紹的近似交易。

近似交易不是交易，無法全部滿足交易的原子性、一致性、隔離性、持久性要求。這是我們複習交易的實現方法，尤其是複習分散式交易的實現方法而得出的一種近似交易的操作。在沒有異常發生的情況下，它具有和交易類似的表現，而且，它發生異常的機率很低。因此，很多時候我們可以將其當作交易對待。

為了實現近似交易，我們對軟體中出現的操作進行分類，以下表所示。

類別名稱	是否對系統有影響	是否可判斷成敗	是否可回覆	舉例
A	否	—	—	查詢資料庫、呼叫外部查詢介面等
B	是	是	是	向資料庫中插入資料、更新資料等
C	是	是	否	發送郵件、刪除檔案等
D	是	否	否	觸發某個無回應的系統

對於支援交易的資料庫而言，其提供的操作不是屬於 A 類操作（查詢操作）就是屬於 B 類操作（資料庫交易內的增加、刪除、修改操作）。以這兩類操作為基礎，我們可以實現更高層級的交易，且為真正的交易。

當存在 C 類操作時，是一定無法封裝進交易的。只要這種操作失敗，交易一定無法恢復到執行前的狀態，這時我們可以按照本章介紹的方案實現近似交易。

當存在 D 類操作時，無法實現交易，也無法實現近似交易。

組建近似交易時，近似交易中可以包含一個或多個 A 類、B 類操作，且執行的位置隨意；只能包含一個 C 類操作，且必須作為交易的最後一項操作。

例如下面的操作：

- 操作 1：查詢當前時間。
- 操作 2：查詢當前訂單金額。
- 操作 3：呼叫外部應用介面，將訂單金額發送給外部應用（假設能判斷介面是否呼叫成功，但未提供回覆介面）。
- 操作 4：將訂單金額寫入本地資料庫。

則上述操作中操作 1 和操作 2 是 A 類操作，操作 3 是 C 類操作，操作 4 是 B 類操作。我們只要將 C 類操作 3 放在最後，並讓每一個操作在失敗時拋出例外，便可以組建近似交易。其虛擬程式碼如下所示。

```
@Transactional
public void operate() {
    操作1;
    操作2;
    操作4;
    操作3;
}
```

上面的虛擬程式碼中，當操作 3 成功時，操作 1、2、4 均已經成功結束，這樣整個交易就成功結束了。當操作 3 失敗時，會觸發近似交易的回覆，這樣操作 4 回覆，而操作 1 和操作 2 本就對系統無影響，相當於整個近似交易恢復到了執行前的狀態。

因為 C 類操作沒有回覆功能，所以相比於真正的交易，近似交易是不完整的。如果操作 3 的請求發出後，長時間沒有得到回應，超過了交易的時間設定值，則被判斷為操作失敗而引發交易復原。如果再經過一段時間後，操作 3 的參與方成功執行了相關操作，則這便打破了交易的一致性。這種情況下只能透過其他手段處理。

相比於真正的交易，近似交易具有更廣泛的應用場景，它可以包含原本不能包含到交易中的 C 類操作。在開發過程中，我們可以借鏡近似交易的想法，做到先進行可回覆操作再進行不可回覆操作，先進行本地操作再進行遠端操作，從而增強整個操作的可回覆能力，提升系統的可靠性。

6.7　本章小結

本章詳細介紹了分散式交易相關的理論和實踐知識。

首先，我們對本地交易和分散式交易進行了區分，又對分散式交易進行了詳細的分類。將分散式交易劃分為應用內多資料庫交易、單體應用間交易、分散式系統內交易、分散式系統間交易這四個類別，並複習了這四個類別之間的關係。

然後，我們介紹了各種分散式交易的實現方案，包括應用內多資料庫交易方案、單體應用間交易方案。其中單體應用間交易方案的實現方式有很多，包括化為本地交易、化為應用內多資料庫交易、TCC、本地非同步訊息機制、非同步訊息中心機制。

最後，我們在複習分散式交易各實現方案的基礎上，提出了近似交易的概念。近似交易不是真正的交易，而是將多個操作組合成類似交易的形式，以使這多個操作滿足成功後提交、失敗後回覆的特性。

分散式交易是確保分散式系統實現原子變更的重要手段，在很多場合都有應用，也是後面許多章節中所述功能的基礎。

服務發現與呼叫

本章主要內容

▸ 分散式帶來的問題
▸ 服務發現的概念及其實現方案
▸ 服務呼叫的概念及其實現方案

分散式系統是以節點叢集的形式對外提供服務的,這帶來了一些問題。

首先,需要透過某種機制讓外部呼叫方發現服務叢集中的具體節點,這種機制就是服務發現要討論的內容。

其次,叢集內的各個節點之間也需要方便地互相呼叫,這就是服務呼叫要討論的內容。

本章將詳細討論服務發現和服務呼叫這兩個問題。

7.1 分散式帶來的問題

分散式應用與單體應用的重要不同就是分散式應用中包含多個節點。如果把單體應用分為應用、模組兩層,那麼分散式應用則包括應用、節點、模組三層。圖 7.1 所示為單體應用與分散式應用的結構比較。

節點的出現使得原本存在於一個單體應用中的多個模組被劃分到不同的節點中。這樣,一個節點內的模組數目會比一個單體應用中的模組數目更少,降低了節點內模組間依賴的複雜度。

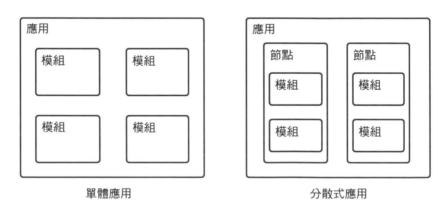

圖 7.1 單體應用與分散式應用的結構比較

舉例來説,在單體應用中,存在 A ～ G 七個模組,因為模組數多,所以它們之間的依賴關係可能是十分複雜的,如圖 7.2 所示。

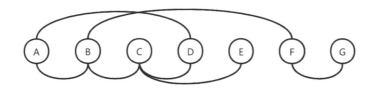

圖 7.2　單體應用模組間的依賴關係

當出現節點之後，A～G 七個模組可能處在了不同的節點中。模組的依賴只能發生在節點內，因此節點內模組間的依賴關係明顯變得簡單了，如圖 7.3 所示。

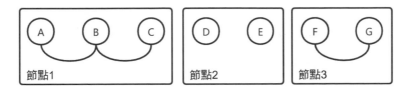

圖 7.3　節點內模組間的依賴關係

但是，對於一個確定的系統而言，模組之間的依賴關係不會因為節點層級的加入而減少。為了保證各個模組之間的依賴關係不變，則需要在圖 7.3 所示的結構中引入節點之間的依賴，如圖 7.4 所示。

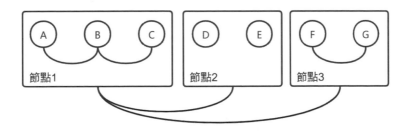

圖 7.4　節點內和節點間模組的依賴關係

可見節點層級的出現確實降低了分散式應用模組間的依賴複雜度，但同時引入了節點間依賴。整體而言，應用的複雜度沒有減少，只是發生了轉移。一部分依賴關係從模組間轉移到了節點間。

轉移到節點間的依賴關係帶來了節點間的依賴問題。

節點間的依賴問題主要包括兩個子問題：節點發現、節點呼叫。在分散式系統中，節點用來提供某項服務，因此，這兩個問題通常也會被稱為服務發現和服務呼叫，具體如下。

- 服務發現：分散式系統中的節點集合往往是變動的，會有新節點加入，也會有舊節點退出，而節點的位址往往也是動態分配的。服務發現就是要讓呼叫方準確找到可供呼叫的服務節點。在 7.2 節中，我們會詳細介紹這一問題。

- 服務呼叫：分散式系統節點間的呼叫是相對頻繁的，提升節點間呼叫的效率、便利性十分重要，這是服務呼叫要解決的問題。在 7.3 節中，我們會詳細介紹這一問題。

7.2　服務發現

7.2.1　服務發現模型中的角色

分散式應用中的節點可能會呼叫其他節點的服務，也會為其他節點提供服務。當節點呼叫其他節點服務時，它的角色是服務的呼叫方；當節點為其他節點提供服務時，它的角色是服務的提供方。因此，一個節點可能既是服務的提供方又是服務的呼叫方。

在服務發現模型中,還有一個重要的角色是服務註冊中心。服務註冊中心中維護了所有服務提供方的資訊供服務呼叫方查詢。

因此,整個服務發現模型包含服務註冊中心、提供方、呼叫方三種角色,而服務發現的過程就是呼叫方透過註冊中心查詢所需要的提供方位址的過程。這一過程有多種實現模型,從 7.2.2 節～ 7.2.4 節,我們將介紹三種常見的服務發現模型。

7.2.2 反向代理模型

反向代理模型是最為簡單的服務發現模型。

在反向代理模型中,服務呼叫方將所有請求發往反向代理伺服器,再由反向代理伺服器轉發給後方的服務提供方,如圖 7.5 所示。這樣,服務呼叫方只需要知道反向代理伺服器的位址,而不需要了解服務提供方節點的數目和每個節點的具體位址。

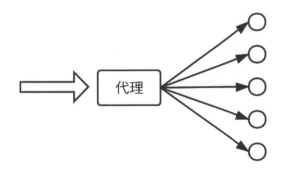

圖 7.5 反向代理模型

在反向代理模型中,反向代理伺服器擔任了服務註冊中心的角色。常見的反向代理伺服器有 Nginx、F5 等。

反向代理服務器具有判活功能，即能夠判斷後方服務節點的執行狀態，而不會將請求轉發到當機的服務提供方節點上。因此，反向代理模型能夠支援節點的退出。

但是，反向代理模型對節點的加入不友善，通常需要開發人員手工維護服務節點清單。

並且，服務提供方接收的所有請求都要經過反向代理伺服器轉發，這引入了故障單點。當反向代理伺服器發生故障時，整個服務都無法對外提供。

因此，反向代理模型身為簡單好用的服務發現模型，常用在小規模的系統中。

7.2.3 註冊中心模型

註冊中心模型包含一個服務註冊中心，它維護了所有服務提供方的清單，是整個模型的核心。

服務提供方節點啟動後，要到服務註冊中心主動註冊自己能夠提供的服務類型和自身位址。服務註冊中心除了維護所有服務提供方的清單，還可以提供服務提供方判活功能，採用心跳檢測等手段來判斷服務提供方節點是否能夠對外提供服務，並及時將無法正常提供服務的提供方剔除，如圖 7.6 所示。這樣，服務註冊中心便動態維護了所有服務提供方的服務類型和服務地址。

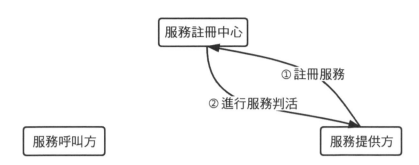

圖 7.6　註冊中心模型的服務註冊

當服務呼叫方需要呼叫某項服務時，會到服務註冊中心尋找能夠提供該服務的服務提供方清單，並根據一定規則選中某個服務提供方的位址進行呼叫，如圖 7.7 所示。這樣便完成了整個服務發現工作。

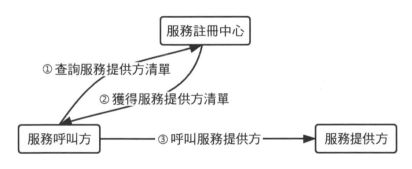

圖 7.7　註冊中心模型的服務查詢

在這種實現方案中，服務呼叫方在呼叫任何服務前都需要查詢服務註冊中心。這既增加了服務呼叫的準備時間，又給服務註冊中心帶來了請求壓力。

考慮到服務提供方集合是相對穩定的，服務呼叫方可以將從服務註冊中心查詢到的資料快取在本地一份。呼叫前，服務呼叫方只需要查詢本地快取即可獲得目標服務提供方的位址。這種操作流程更為高效,也減小了對服務註冊中心的壓力。

為了服務呼叫方能夠及時感知到服務提供方集合的變動,服務註冊中心可以在發現服務提供方集合變化後主動通知給相關的服務呼叫方,使其及時更新快取資料。

於是,服務呼叫方獲取服務提供方位址的過程演化為圖 7.8 所示的形式。

圖 7.8 所示的註冊中心模型不需要人工維護服務提供方清單。服務註冊中心僅處理服務註冊、服務判活、服務變更通知、少量服務查詢等操作,這些操作的併發數很低,降低了服務註冊中心的設計要求。

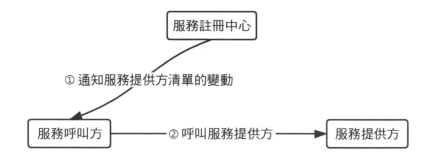

圖 7.8 註冊中心模型的服務變更通知

服務呼叫方會快取服務提供方的資訊,因此服務註冊中心的短暫當機不會影響系統的正常執行,系統具有較高的可靠性。

綜上所述,註冊中心模型能夠支援節點的自動加入和退出,不存在單點故障,是一種常用的服務發現模型。

7.2.4 服務網格模型

註冊中心模型中的服務提供方需要完成服務註冊的相關工作，服務呼叫方需要完成服務查詢的相關工作。以上這些工作都是業務流程之外的操作，可見註冊中心模型對服務節點的業務邏輯有一定的侵入性。

服務網格模型則減少了對業務邏輯的侵入。

服務網格模型主要由部署在節點上的 SideCar 和負責全域協調的 ControlPlane 組成。在 ControlPlane 的控制下，SideCar 將所有節點組成了一套支持節點之間互相呼叫的如同網格一般的基礎服務。服務網格模型如圖 7.9 所示。

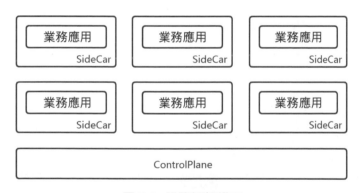

圖 7.9 服務網格模型

服務網格的 SideCar 會作為一個獨立的處理程式工作在節點上，為該節點上的多個業務應用提供服務發現和服務呼叫服務。

有了服務網格後，業務應用只需要部署到節點上，便可以服務網格提供的基礎服務完成服務發現和服務呼叫。這樣，業務應用不需要再處理服務發現邏輯、服務呼叫邏輯，因而更為純粹。

服務網格模型中，服務網格有著服務註冊中心的作用，它能夠管理節點的加入、退出，提供服務發現功能。此外，服務網格還支援節點間的服務呼叫。

在整個分散式應用中，服務網格是一套獨立的基礎系統，需要獨立於業務應用部署、維護，且其執行可靠度直接影響著分散式應用的工作，因此服務網格的實施成本、運行維護成本都比較高。但只要服務網格建立完成，業務應用便可以低耦合地嵌入其中。

7.2.5　三種模型的比較

至此，我們已經介紹了三種常見的服務發現模型，這三者之間的比較介紹如下。

模型	單點故障	業務侵入性	節點增刪	實現成本
反向代理模型	有	低	手動增、自動刪	低
註冊中心模型	無	中	自動	中
服務網格模型	無	低	自動	高

反向代理模型因為實現簡單、業務侵入性低，獲得了十分廣泛的應用。尤其是在一些節點數目相對較少的分散式系統中，其應用更為廣泛。

註冊中心模型能夠實現節點增刪的自動管理，且實現難度適中，在一些節點數目較多的分散式系統中應用較為廣泛。

服務網格模型能夠在實現節點增刪自動管理的基礎上減少對業務的侵入，對於節點數目較多的分散式系統較為友善，但因為其實施成本和運行維護成本較高，還尚未普及。

在專案實施中，我們可以參照分散式系統的規模、實現成本接受度，來選擇具體模型，並且可以隨著專案的發展而不斷升級模型。

7.3 服務呼叫

7.3.1 背景介紹

「高內聚、低耦合」是軟體設計，尤其是物件導向設計中的重要原則。依據此原則設計的軟體系統，由下到上的每一層級都會提升自身的內聚性，降低與外界的耦合。最終使得整個系統中，層級越低的組織間耦合越高，層級越高的組織間耦合越低。

「高內聚、低耦合」這一原則最終會反映在組織間的互相呼叫上。層級越低的組織間互相呼叫的頻率越高，層級越高的組織間互相呼叫的頻率越低，如圖 7.10 所示。

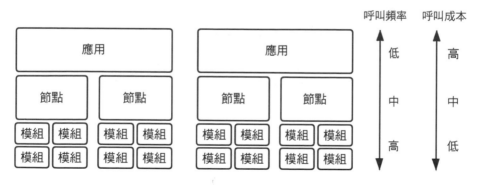

圖 7.10　不同層級的呼叫頻率

以圖 7.10 所示的應用、節點、模組組成的三層的軟體結構為例。應用處在最高層，應用間的耦合度是很低的，它們之間的呼叫是低頻的。節點處在中間層，它們之間的耦合度置中，其呼叫頻率也是置中的。模組處在最底層，它們之間的耦合度最高，模組之間的呼叫頻率也最高。

模組間的呼叫是高頻的，但它們之間的呼叫也是簡單和高效的。一般來說一個模組可以直接呼叫另一個模組中的類別、物件、方法，十分方便。並且這種呼叫發生在同一個機器內，甚至是同一個處理程式、執行緒內，十分高效。

應用間的呼叫是低頻的。一般來說一個應用呼叫另外一個應用時，需要透過介面展開。呼叫過程中會包括序列化、反序列化、網路傳輸、參數驗證等多個環節，但因為其發生頻率很低，也是可以接受的。

節點間的呼叫，也常被稱為服務呼叫，是需要跨機器的，而其發生頻率介於應用間呼叫和模組間呼叫，是相對高頻的。因此需要一種相對簡單高效的、支援跨機器的呼叫方式，這就是服務呼叫要解決的問題。

目前服務呼叫主要有兩種實現方式：以介面為基礎的呼叫和遠端程式呼叫。接下來，我們將對這兩種呼叫方式分別多作說明。

7.3.2 以介面為基礎的呼叫

應用間的呼叫是以介面為基礎展開的，它是支援跨機器呼叫的。我們可以借鏡這種方式，以介面開展節點間為基礎的服務呼叫。在這種方式下，服務生產方將自身的服務透過介面的形式曝露出來，而服務呼叫方則透過 HTTP 請求呼叫所需的介面。

服務以介面的方式曝露，保證了服務的通用性、可讀性。這些介面可以提供給其他應用直接使用，甚至直接提供給使用者。

但是，以介面形式曝露的服務使用複雜，且效率較低。以介面為基礎的呼叫流程如圖 7.11 所示。

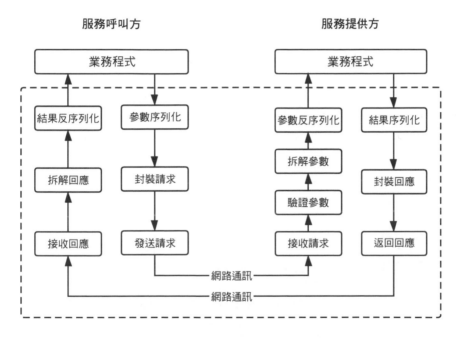

圖 7.11 以介面為基礎的呼叫流程

呼叫發起階段，服務呼叫方需要將相關參數序列化，並封裝到 HTTP 請求中。而 HTTP 請求的封裝操作較為繁瑣。

網路通訊環節以 HTTP 協定為基礎展開，作為工作在開放式系統互聯（Open System Interconnect，OSI）模型第七層的 HTTP 協定，其更為好用，但是有效資訊佔比較低，因而效率較低。

呼叫接收階段，服務提供方需要接收 HTTP 請求、驗證請求參數的合法性、從請求中提取參數資訊，這是一連串繁雜的工作。之後，服務提供方將相關參數反序列化後再進行具體的服務呼叫操作。

可見，整個服務呼叫的過程中，無論是服務呼叫方、服務提供方都需要進行許多額外的操作，便利性差。並且，整個過程的實現效率較低，開發工作量也很大。圖 7.11 中的虛線部分是專門為呼叫介面、曝露介面開發的，這部分工作會隨著介面的增加而增加。

但是，以介面為基礎的呼叫其通用性強、易讀性好，因此仍然獲得了極為廣泛的應用。很多時候，通用性、易讀性是比效率更為重要的。

7.3.3 遠端程式呼叫

節點內模組之間的呼叫可以以類別、物件為基礎的方法進行，十分方便。那麼，節點之間的呼叫能否像模組間的呼叫一樣方便地進行呢？以這種思想為基礎，誕生了遠端程式呼叫。

遠端程式呼叫（Remote Procedure Call，RPC）使服務可以像呼叫本地方法一樣呼叫網路上另一個服務中的方法。

在使用遠端程式呼叫前，服務提供方需要將自身服務的介面檔案匯出，而服務呼叫方則要引入這些介面檔案。

進行遠端程式呼叫時，服務提供方只需要呼叫介面檔案中的介面，便相當於呼叫了服務提供方中的具體實現方法，並得到服務提供方列出的執行結果。呼叫其他服務中的方法就像呼叫本地方法一樣方便。遠端程式呼叫的流程如圖 7.12 所示。

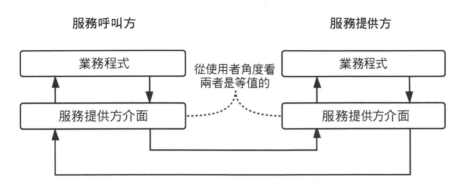

圖 7.12 遠端程式呼叫的流程

遠端程式呼叫極大地提升了分散式系統的透明性，包括存取透明性和位置透明性，即服務呼叫方可以用相同的操作呼叫本地和遠端的方法，且不需要知道資源的物理或網路位置[1]。

接下來，我們從服務呼叫方、通訊、服務提供方三部分介紹遠端程式呼叫的具體實現過程。

▨ 服務呼叫方

服務呼叫方在本地呼叫服務提供方列出的介面，相當於遠端呼叫了該介面的具體實現，這一機制的實現主要用到了動態代理。

動態代理能夠為原本的空介面注入一個代理實現。於是，服務呼叫方對介面的呼叫便轉化成了對代理實現的呼叫。

在代理實現中，會向服務註冊中心查詢服務提供方的具體位址、通訊埠，並將呼叫參數序列化，然後向服務提供方發送呼叫請求。之後，代理實現還會接收請求的回應，並透過介面傳回給服務呼叫方的業務邏輯。

☑ 通訊

根據 OSI 模型，將網路通訊的工作劃分為圖 7.13 所示的七層。

層級	功能
應用層	負責為使用者的應用程式提供網路服務。
展示層	負責通訊系統之間的資料格式變換、資料加解密等。
會議層	負責維護兩個工作階段主機之間連接的建立、管理，並進行資料交換。
傳輸層	為分佈在不同地理位置的電腦提供可靠的端對端連接與資料傳輸服務。
網路層	透過執行路由選擇演算法，為封包分組透過通訊子網選擇最適當的路徑。
資料連結層	在通訊實體之間健立資料連結連接，傳送以幀為單位的資料。
實體層	利用傳輸媒體建立、管理物理連接，實現位元流的傳輸。

圖 7.13 網路通訊

RPC 在工作時，通常使用第七層的 HTTP 協定或第四層的 TCP 協定、UDP 協定在兩個節點之間進行通訊。

相比而言，HTTP 協定工作在第七層，對傳輸的資訊進行了多層的封裝，因此有用資訊佔比低，效率比較低，但使用更為簡單；TCP 協定、UDP 協定工作在第四層，減少了封裝的次數，因此有用資訊佔比高，效率比較高，但使用略為複雜。

☑ 服務提供方

服務提供方在接收到呼叫請求後，需要定位到請求所要呼叫的具體方法。然後將請求中的參數反序列化後展開對方法的實際呼叫,並在呼叫結束後將執行結果傳回。

▨ RPC 複習

RPC 是一個包括動態代理、序列化、通訊、反序列化的複雜過程,但是,以上這些過程都被 RPC 框架隱藏了起來。在使用 RPC 框架時,我們只需要呼叫服務提供方的介面便可以呼叫到服務提供方的具體實現,而不用關心其實現細節。

整個 RPC 的實現過程如圖 7.14 所示,虛線框內的部分是 RPC 框架實現的功能。

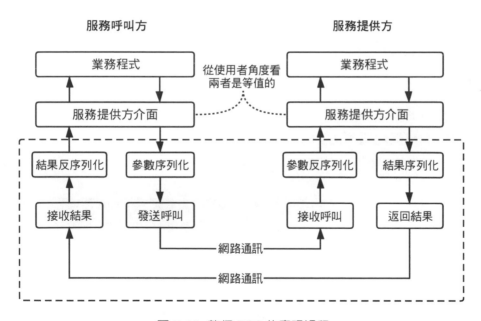

圖 7.14 整個 RPC 的實現過程

備註

為了讓大家更進一步地了解 RPC 的實現，我們編寫了一個極簡的 RPC 範例專案。該實例只用少量的幾個類別便實現了 RPC 功能，並且配有服務呼叫方和服務提供方的展示範例。專案位址為 https://github.com/yeecode/EasyRPC。

透過對具體呼叫實現過程的封裝，RPC 提升了服務間呼叫的便利性。服務呼叫方不需要再組建請求參數，便可以直接像呼叫本地方法一樣呼叫遠端服務。

透過將底層的通訊協定封裝起來，RPC 可以以第四層為基礎的協定來提升資訊傳輸的效率，並可以自由設計通訊格式。

RPC 使服務提供方不需要列出 HTTP 介面。這對非 RPC 的呼叫是不友善的，可見，RPC 呼叫損失了服務的通用性、可讀性。

RPC 可以結合 7.2.3 節介紹的註冊中心模型使用，在服務呼叫方的代理實現中完成服務提供方的位址查詢等工作。RPC 也可以作為 7.2.4 節介紹的服務網格模型的一部分，提供網格之間的呼叫功能。

擴充閱讀

RPC 與 RMI

除了遠端程式呼叫，大家可能還聽說過遠端方法呼叫（Remote Method Invocation，RMI）。那麼，RPC 和 RMI 兩者有何異同呢？

其實兩者十分近似，都支援介面程式設計，能夠在一台機器上呼叫另一台機器上的介面實現。但是，RMI 更進一步，支持分散式環境中的物件引用，也就是說，允許在遠端呼叫中將物件的引用作為參數 [1]。

早期的程式設計範式是過程程式設計導向的，程式設計師將解決問題的步驟拆分為一個個的過程，然後依次呼叫。將這種程式設計範式擴充到分散式系統中，允許呼叫其他節點上的過程，就是遠端程式呼叫 RPC。這裡的過程通常也會被稱為方法，指的是導向過程中的可重複使用的小過程。

後來，物件導向程式設計範式得到普及。將物件導向程式設計範式擴充到分散式系統中，就出現了遠端方法呼叫 RMI。這裡的方法則指的是物件中的方法。

與針對過程程式設計不同，在物件程式設計中我們可以將物件導向的引用作為方法的參數。舉例來說，方法 "public void process (WatchedEvent event)" 中的參數 event 實際為 WatchedEvent 物件的引用。

要將物件導向程式設計擴充到分散式系統中，便需要支援將物件的引用作為遠端呼叫的參數。這就是 RMI 要解決的重要問題，也是 RMI 和 RPC 的最大不同。這方面的工作被稱為遠端物件引用（Remote Object Reference）。

可見，RMI 是 RPC 的進一步擴充，它允許將物件的引用作為遠端呼叫的參數。

RMI 在許多程式語言中都有成功的實踐，典型的是 Java RMI。

7.4 本章小結

本章主要介紹了服務發現和服務呼叫這兩個概念，它們出現的背景原因是一樣的，都是由分散式系統在應用層級和模組層級之間加入了節點層級而引發的。

分散式系統支援節點的加入和退出，因而分散式系統中的節點集合是動態的。服務發現就是讓服務呼叫方高效率地尋找到需要呼叫的服務提供方節點。反向代理模型、註冊中心模型、服務網格模型是三種常見的服務發現的模型，這三種模型各有優劣。在本章中我們都進行了分析和介紹。

服務呼叫用來解決分散式節點間的互相呼叫問題，包括以介面為基礎的呼叫和遠端程式呼叫這兩種常見的實現方式。以介面為基礎的呼叫具有較好的通用性和可讀性，遠端程式呼叫則具有較好的便利性和效率。

服務發現和服務呼叫共同解決了分散式系統中多節點帶來的問題，使得系統外部呼叫方能夠方便地發現系統內部的節點，也使得系統內部的節點間可以方便地互相呼叫。

服務保護與閘道

分散式系統中的節點多是低成本的小型伺服器,它們難以承受巨量的請求。因此,需要對節點提供的服務進行保護,以確保它們的正常執行。

分散式系統的許多節點也需要對外提供統一的存取入口,因此,誕生了服務閘道。

本章將介紹服務保護的手段,以及服務閘道的產生背景、功能、結構。

8.1 服務保護

在單體應用中，所有的請求均由單一節點承擔。而在分散式應用中，這些請求將由許多節點共同分擔。

在第 1 章中介紹過，分散式系統中的節點多採用低成本的小型伺服器，這表示它們的性能是十分有限的，無法承受大量的請求。因此，要對分散式系統中的節點提供一些保護措施，如保證請求被均勻地分散到各個節點上、確保異常出現後不會在節點間擴散等。這些保護操作常被稱為服務保護。

服務保護的措施有很多種，但它們在理論層面的出發點是相同的。接下來，我們先介紹服務保護的理論依據。

8.1.1 理論依據

為了從理論層面介紹服務保護的依據，我們先介紹與軟體系統性能相關的兩個常用指標：併發數和吞吐量。

併發數用來衡量一個軟體系統同時服務呼叫方的數量。它是一個寬泛的概念，包括併發使用者數、併發連接數、併發請求數、併發執行緒數等多種衡量方式[4]。

吞吐量用來衡量軟體系統在單位時間內能夠接收和發出的資料量。它也是一個寬泛的概念，包括每秒進行的交易數目（Transaction Per Second，TPS）、每秒進行的查詢數目（Queries Per Second，QPS）等多種衡量方式[4]。

軟體的併發數和吞吐量是相互影響的,我們可以定性地畫出軟體系統的吞吐量隨併發數變化的趨勢圖,如圖 8.1 所示,我們可以將軟體系統的工作區間分為 OA、AB、BC 三段。

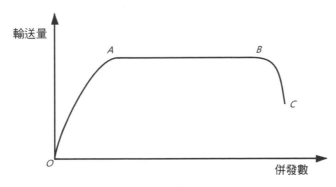

圖 8.1　吞吐量與併發數的關係

在 OA 段,併發數相對較小,系統的性能存在閒置。在這一階段中,如果併發數增加,則系統性能會得到進一步發揮,從而引發吞吐量增加。這一段能確保併發數和吞吐量基本符合。因此,在這個區間段內,系統是穩定的。

在 AB 段,系統的性能已經獲得了全部的發揮,此時無論併發數如何增減,系統總保持最大吞吐量不變。因此在這個區間段內,系統也是穩定的。

在 BC 段,過量的併發導致系統的剩餘記憶體、硬體溫度等指標惡化,從而使得系統的性能變差,並且如果併發數繼續增加,系統的性能還會繼續變差。如果此時併發數下降,則系統的吞吐量增加,最終系統會進入到 AB 段,即恢復穩定。如果併發數繼續提升,則系統的吞吐量繼續下降,並因為請求的堆積而導致併發數繼續提升,從而形成惡性循環,最終可能導致系統故障。因此，整體來看，在這個區間段內，系統是不穩定的。

以以上的軟體系統執行穩定性分析為基礎，我們知道要保護軟體系統就要避免系統進入不穩定的 *BC* 段，具體來說就是限制系統的併發數。這就是各種服務保護措施的理論依據。

服務保護的具體實施策略有隔離、限流、降級、熔斷、恢復等。在下面的章節中，我們將對這些具體措施多作說明。

8.1.2 隔離

分散式系統的各節點之間存在相互呼叫。如果一個節點無法正常對外提供服務，則呼叫它的節點也便無法對外提供完整的服務。這種現象會導致故障逆著呼叫鏈方向向前擴散。

假設系統中節點 N1 會呼叫節點 N2、N3、N4 三個節點提供的不同服務，如圖 8.2 所示。

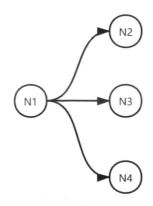

圖 8.2 服務串聯示意圖

在不考慮隔離的情況下，節點 N1 的工作過程通常以下面的虛擬程式碼所示。

```
public Result service(Request request) {
    Result result = new Result();
    result.append(n2.service(request));
    result.append(n3.service(request));
    result.append(n4.service(request));
    return result;
}
```

當節點 N2 故障時，n2.service(request) 操作將阻塞，從而導致節點 N1 中的 service 操作被阻塞。於是，大量的請求壅塞在節點 N1 上，使得節點 N1 的併發執行緒數急劇升高，最終導致節點 N1 因記憶體耗盡而故障。

有一種措施可以避免故障蔓延，那就是隔離。

一種常見的方式是使用執行緒池將節點 N1 和後方的節點 N2、N3、N4 隔離起來。具體措施是在 N1 中為呼叫節點 N2、N3、N4 的操作各設立一個執行緒池，每次需要呼叫它們的服務時，從執行緒池中取出一個執行緒操作，而非使用 N1 節點的主執行緒操作。實現流程的虛擬程式碼如下。

```
public Result service(Request request) {
    Result result = new Result();

    // 從呼叫N2節點的專用執行緒池中取出一個執行緒
    Thread n2ServiceThread = n2ServiceThreadPool.get();
    if (n2ServiceThread != null) {
        // 使用獲得的執行緒呼叫N2節點的服務
        n2ServiceThread.start();
```

```
        // 獲得N2節點列出的結果，並整理入N1節點的處理流程中
        result.append(n2ServiceThread.get());
    }

    // 省略對N3、N4節點的呼叫流程

    return result;
}
```

這樣，當 N2 節點故障時，會使 N1 節點中的呼叫執行緒阻塞，進而導致 N1 節點中操作 N2 節點的執行緒池被佔滿。之後，這一結果不會再繼續擴散，不會對其他執行緒池造成影響，從而保證節點 N1 的資源不會被耗盡。

這種操作將 N2 節點故障引發的影響隔離在了節點 N1 的執行緒池中，提升了節點 N1 的穩定性。

然而，執行緒的列出、回收、切換都需要較大的成本，在對一些小的操作進行隔離時，使用執行緒顯得太過厚重，這時可以使用號誌來進行隔離。當某個操作出現故障後，會導致該操作對應的號誌被耗盡，而不會繼續向外擴散。

 備註

這裡要說明一點，如果節點 N2 提供的服務是系統不可或缺的，則只要節點 N2 故障，系統便故障了。此時任何將節點 N2 的故障隔離起來的操作都是沒有意義的。當節點 N2、N3、N4 提供一些有意義但卻不必要的服務時，這種隔離手段才有效。

8.1.3 限流

節點進入不穩定工作區間的原因是併發數太高，因此，只要我們將節點的併發數限制在一定值以下，便可以保證節點工作在穩定的區間。以這種思想為基礎，我們可以對節點進行限流操作，即限制進入節點的請求數目。

接下來，我們介紹具體的限流操作的實現方法。

▨ 時窗限流法

生活中的水流是一個模擬量，我們可以透過擴大與減小水閥開口來控制水流的大小。而請求組成的串流不是模擬量，它由一個個獨立的請求組成。但是我們可以將時間劃分成小段，在每小段時間內，只允許一定數量的請求進入節點，以達到限流的目的。這一小段時間就是時窗。

時窗是指一段固定的時間間隔，而時窗限流法就是在固定的時間間隔內允許一定數量以內的請求進入服務。例如在圖 8.3 中，每個時窗內便只允許三個請求進入。對於未能進入服務的請求，可以直接傳回失敗，也可以使用佇列儲存起來，等待下一個時窗。

圖 8.3 時窗限流法

在時窗限流法中，新請求的到來和放行的過程是同步的，因此實現非常簡單，使用一個計數變數和計時變數便可完成。每當一個請求進入時，判斷當前時窗內是否還有請求額度，然後根據判斷情況放行或攔截。實現虛擬程式碼如下所示。

```
public Result timeWindowLimiting (Request request)
{
    // 判斷是否開啟新的時窗
    if(nowTime() - beginTime > TIME_WINDOW_WIDTH) {
        count = 0;
        beginTime = nowTime();
    }

    // 判斷時窗內是否還有請求額度
    if(count < COUNT_THRESHOLD) {
        count ++;
        return service.handle(request);
    } else {
        return "Place try again latter.";
    }
}
```

時間窗限流法有一個很明顯的缺點，即存在請求突刺。在每個時窗的開始階段可能會突然湧入大量的請求，而在時窗的結束階段可能因為額度用完而導致沒有請求進入服務。從服務的角度來看，請求數目總是波動的，這種波動可能會對服務造成衝擊。

✎ 漏桶限流法

為了避免時窗限流法的請求突刺對服務造成過大的衝擊，我們可以減小時窗的寬度。而當時窗足夠小時，小到每個時窗內只允許一個請求透過時，就演化成了漏桶限流法。

漏桶限流法採用恒定的時間間隔向服務釋放請求，避免了請求的波動。

在實現漏桶限流法時，需要一個儲存請求的佇列。當外部請求到達時，先將請求放入佇列中，再以一定的頻率將這些請求釋放給服務。其工作原理就像是一個漏水的水桶，如圖 8.4 所示。

對於接收漏桶請求的服務而言，無論外部請求量的大小如何變化，它總是以恒定的頻率接收漏桶列出的請求。

漏桶中儲存請求佇列的長度是有限的，在它被請求佔滿的情況下，可以直接將後續的請求捨棄或傳回失敗。

到來的請求

漏桶限流器

釋放的請求

圖 8.4　漏桶限流法

在漏桶限流法中，請求的到來和釋放並不是同步的，而是兩個獨立的過程。因此，漏桶限流法的實現要比時窗限流法略複雜一些，需要有一個獨立的執行緒以一定的頻率釋放請求。漏桶限流法的虛擬程式碼如下所示。

```java
public class LeakyBucket {
    // 快取請求的佇列
    Queue<Request> requestQueue = new LinkedList<>();

    // 接收請求並將請求存入佇列
    public void receiveRequest(Request request) {
        if (requestQueue.size() < REQUEST_SIZE_THRESHOLD) {
            requestQueue.offer(request);
        }
    }

    // 以一定時間間隔向後方服務釋放請求
    @Scheduled(TIME_INTERVAL)
    public void releaseRequest() {
        Request request = requestQueue.poll();
        service.handle(request);
    }
}
```

受到請求複雜程度、軟硬體活動的影響，服務處理不同請求所花費的時間是不同的。而漏桶限流法總是以相同的頻率向服務釋放請求，這可能導致兩種情況：第一種情況，服務無法及時處理完成收到的請求，從而造成請求的壅塞，並進一步導致節點性能的下降；第二種情況，服務能很快處理完收到的請求，於是在接收到下一個請求之前，服務存在一定的空閒，這造成了處理能力的浪費。

▨ 權杖限流法

漏桶限流法不能根據節點的負載情況調整請求釋放頻率的根本原因是缺乏了回饋。只有將服務處理請求的情況進行回饋，才能使得限流模組根據服務的情況合理地釋放請求。於是，這就演化成了權杖限流法。

在使用權杖限流法時，一個請求必須拿到權杖才能被發送給節點進行處
理，而節點則會根據自身的工作情況向限流模組發放權杖。舉例來說，
在自身併發壓力大時降低權杖的發放頻率，在自身空閒時提高權杖的發
放頻率。回饋的引入使得服務能夠最大限度地發揮自身的處理能力。

權杖限流法釋放請求的時機有兩個，一個是新請求到來時，另一個是新
權杖到來時。所以不需要一個獨立的執行緒來檢查暫存的權杖和請求的
數目，程式設計實現比較簡單。其虛擬程式碼如下所示。

```java
public class TokenPool {
    // 快取請求的佇列
    Queue<Request> requestQueue = new LinkedList<>();
    // 快取權杖的佇列
    Queue<Request> tokenQueue = new LinkedList<>();

    // 接收請求，根據權杖情況處理請求
    public void receiveRequest(Request request) {
        if (tokenQueue.size() > 0) { // 尚有權杖，直接釋放請求
            tokenQueue.poll();
            service.handle(request);
        } else if (requestQueue.size() < REQUEST_SIZE_THRESHOLD) {
                                                        // 暫存請求
            requestQueue.offer(request);
        }
    }

    // 接收權杖，根據請求情況處理權杖
    public void receiveToken(Token token) {
        if (requestQueue.size() > 0) { // 尚有請求，直接消耗權杖釋放請求
            Request request = requestQueue.poll();
            service.handle(request);
        } else if (tokenQueue.size() < TOKEN_SIZE_THRESHOLD) {
                                                        // 暫存權杖
```

```
            tokenQueue.offer(token);
        }
    }
}
```

提供服務的一方可以根據自身的負載情況調整向權杖池放入權杖的速率。

需要注意的是，權杖限流法的實現中有一種容易想到的錯誤方案，即在每次服務處理完請求時，將權杖返還給限流模組，以保證整個系統中存在恆定數量的權杖。按照這種方案，服務處理越快則權杖迴圈越快，服務處理越慢則權杖迴圈越慢。如圖 8.5 所示，恆有 6 個權杖存在。

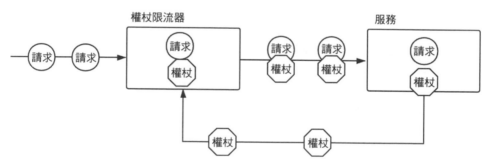

圖 8.5 保持權杖數恆定方案示意圖

然而，這種方案過於理想，在實際應用中可能存在嚴重的問題。服務、限流模組、通訊過程中都可能因為異常而遺失權杖，最終權杖數目會隨著時間逐漸減少，引發節點吞吐量的下降。因此，在實際生產中，不建議使用這種方案。

權杖限流法也可能存在請求突刺，即當權杖池中存在大量權杖而又瞬間向權杖池中湧入大量請求時，這些請求會被瞬間釋放，從而對服務造成衝擊。可以調整權杖池能夠快取權杖的數目來解決這一問題。

8.1.4 降級

系統的平均回應時間也將對系統併發數造成影響。在請求頻率一定的情況下，平均回應時間越長，系統的併發數越高。如圖 8.6 所示，請求到達的時間間隔是一定的，而當請求的平均回應時間增大時，系統的併發數從 2 變為 4。

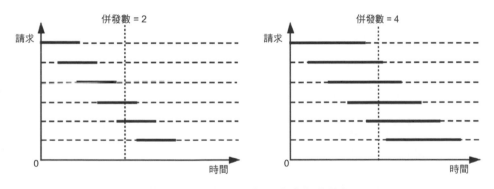

圖 8.6 併發數與平均回應時間的關係

因此，可以透過降低系統平均回應時間來降低系統的併發數，進而使得系統工作在穩定的區間段內。

在系統軟硬體條件、請求類型、請求頻率不變的情況下，系統平均回應時間大致是穩定的。降級就是在上述條件不變的情況下，透過減少請求操作來降低平均回應時間，即將請求中一些耗時的操作裁剪掉，只保留必要的、迅速的操作。

在程式層面實現降級並不複雜，簡單的條件選擇敘述就可以完成，在此我們不再列出範例。在實現降級的過程中最複雜的是降級等級和降級策略的劃定，這兩者都需要根據具體的業務場景展開，我們這裡列舉一些典型的降級策略。

- 停止讀取資料庫：將需要讀取資料庫獲取的準確結果改為從快取中讀取的近似結果，以避免存取資料庫造成的時間損耗。舉例來說，某件商品的已銷售數量，可以直接從快取中取出近似結果傳回。

- 準確結果轉近似結果：對一些需要複雜計算的結果，可以直接使用近似結果代替。舉例來說，在以位置為基礎的服務（Location Based Services，LBS）中採用低精度的距離計算演算法。

- 直接傳回靜態結果：直接略去資料讀取、計算等過程，顯示一個靜態的範本結果。舉例來說，某個產品的推薦理由可以從原本的個性化的推薦理由修改為固定的範本結果。

- 同步操作轉非同步作業：在一些有關寫入的操作中，直接寫入快取，然後傳回。快取中的內容可以非同步處理。

- 功能裁剪：將一些非必要的功能直接裁剪掉，如「猜你喜歡」模組、「熱榜推薦」模組等。

- 禁止寫入操作：直接將寫入操作禁止，而只提供讀取操作，如系統在執行高峰期禁止使用者修改暱稱等。

- 分使用者降級：針對不同的使用者採取不同的降級測量。舉例來說，可以直接禁止爬蟲使用者的存取，而維持普通使用者的存取。

- 工作量證明式降級：工作量證明（Proof Of Work, POW）是軟體系統中常見的一種促進資源合理分配的手段，它要求獲取服務的一方完成一定的工作量，以此來證明自己確實需要獲取相關服務。這種方法可以幫助軟體系統排除惡意存取，但也使得使用者的體驗變差。常見的方法是在服務之前增加驗證碼、數學題、拼圖題等，而且還可以根據需要增加題目的難度。

根據觸發手段不同，可以將降級分為兩種：自動降級、手動降級。

自動降級是根據系統當前的執行狀況、執行環境自動地採取對應的降級策略。具體的實施方法如下。

- 因依賴不穩定而降級：當系統依賴的某個服務總是以很大的機率傳回失敗結果或長時間不回應時，系統可以降級以繞過該不穩定的服務。

- 因失敗機率過高而降級：當一個系統總是以很高的機率列出失敗結果時，系統可以降級以提升自身的正確率。

- 因限流而降級：當限流模組發現流量過高時，如時窗、漏桶、權杖池等各限流模組的快取區域已滿並開始捨棄請求時，則可以通知其後方的服務模組降級。這樣可以提升服務模組的請求處理速率，以便儘快消費掉請求佇列。

以使用漏桶限流法的自動降級為例，我們可以使用下面的虛擬程式碼實現後續服務的降級：

```
public class LeakyBucket {
    // 快取請求的佇列
    Queue<Request> requestQueue = new LinkedList<>();
    // 後續服務是否需要降級的標示位元
```

```
boolean degrade = false;

// 接收請求並將請求存入佇列
public void receiveRequest(Request request) {
    if (requestQueue.size() < REQUEST_SIZE_THRESHOLD) {
        requestQueue.offer(request);
        // 快取佇列存在空，則後續服務不需要降級
        degrade = false;
    } else {
        // 捨棄請求，並宣告後續服務需要降級
        degrade = true;
    }
}

// 以一定時間間隔取出並處理請求
@Scheduled(TIME_INTERVAL)
public void releaseRequest() {
    Request request = requestQueue.poll();
    // 呼叫後續服務時攜帶標示是否需要降級的標示位元
    service.handle(request, degrade);
}
}
```

降級是一種激進的應用保護手段。試想在應用可以提供 100% 功能時，將其降級到只能提供 80% 功能的執行模式，這些功能損失勢必會造成一些負面影響。所以在生產中，較少採用自動降級策略，而多採用手動降級策略。舉例來說，當已經得知接下來將有大負載湧入時，可以透過人工設定的方式對應用進行降級處理。

實施手動降級策略時可以將多個系統聯合起來按照場景編排成組。舉例來說，當存取量達到某個量級時，可以透過手動降級將組內的多個系統降級到某個等級，而不需要針對單一產品一一降級。

8.1.5 熔斷

在 8.1.1 節我們已經介紹了如何使用隔離來避免故障的蔓延,這對防止服務雪崩具有很好的效果。隔離是以犧牲前置模組的資源為代價的,如我們可能犧牲了前置模組的執行緒池資源、號誌資源等。而熔斷則提供了一種更進一步的隔離故障的手段。

熔斷就是在發現下游服務回應過慢或錯誤過多時,直接切斷該下游服務,而不再呼叫它的一種手段。類比到電路中,保險絲發揮了熔斷的作用,能在某些電路模組出現異常時直接切斷與異常模組的聯結;而光電耦合器則發揮了隔離的作用,任憑某些電路模組如何故障,其故障電流都不能越過光電耦合器造成正常電路模組的短路或擊穿。

有些讀者可能會將熔斷和降級混淆。降級是服務本身列出的一種降低自身平均回應時間的手段,而熔斷則是服務呼叫方列出的繞過服務提供方的手段。降級是服務自己的行為,而熔斷則是服務上游的行為。

熔斷是一種保守的保護手段。在熔斷被觸發時,下游服務已經有很大比例的請求傳回錯誤訊息,上游服務也因此受到了故障的威脅。這時,採用熔斷措施放棄少量的尚能成功的請求,換取對上游服務的保護是非常保守的操作。因此,熔斷一般交由系統自動完成。

在使用中,通常將一定時間內下游模組的呼叫成功率和回應時間作為是否觸發熔斷的依據。下面程式列出了熔斷器的虛擬程式碼。

```
public class Fuse {
    // 用來記錄當前統計時間段
    Time beginTime = nowTime();
    // 失敗次數
    Integer failCount = 0;
```

```
// 延遲次數
Integer delayCount = 0;

// 熔斷器的呼叫函數
public Result handleRequest(Request request) {
    // 判斷是否開啟新的統計區間
    if (nowTime() - beginTime > TIME_WINDOW_WIDTH) {
        beginTime = nowTime();
        failCount = 0;
        delayCount = 0;
    }

    if (failCount > FAIL_COUNT_THRESHOLD OR delayCount >DELAY_COUNT_
THRESHOLD){ // 觸發熔斷
        return "Place try again latter.";
    } else{ // 未觸發熔斷
        serviceBeginTime = nowTime();
        Result result = service.handle(request);
        // 發生延遲
        if (nowTime() - serviceBeginTime > DELAY_TIME_THRESHOLD) {
            delayCount++;
        }
        // 發生錯誤
        if (result.isFail()) {
            failCount++;
        }
        return result;
    }
}
```

需要注意的是，熔斷器不是只有通路和斷路兩個狀態，還需要有一個測試狀態，如圖 8.7 所示。在測試狀態中，熔斷器釋放一定量的請求給服務以測試服務是否好轉。如果服務好轉,則熔斷器切換到通路狀態,否則熔斷器切換到斷路狀態。在上面程式中,每個統計週期的開始階段就是測試階段。

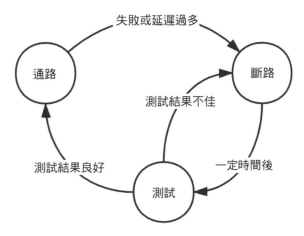

圖 8.7 熔斷器狀態轉換圖

8.1.6 恢復

限流、降級、熔斷都是為了保護服務而採取的暫時性手段。在服務正常之後,需要恢復服務,包括撤除限流、消除降級、關閉熔斷器等。一種簡單的操作是在探測到服務正常後直接恢復,但這並不是最佳的策略。這是因為應用從啟動到正常執行之間存在一個預熱過程。

應用啟動後,其能夠提供的最大吞吐量不是步階上升的,而是如圖 8.8 所示逐漸上升的。

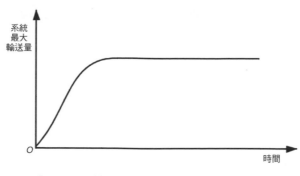

圖 8.8 系統啟動後最大吞吐量變化曲線

應用啟動後，存在吞吐量爬升過程的典型原因有以下兩個方面。

一是系統的載入。以 Java 為例，它規定每個 Java 類別在被「第一次主動使用」前完成載入，這裡所說的「第一次主動使用」包括建立類別的實例、存取類別或介面的靜態變數、被反射呼叫、初始化類別的子類別等。在系統的啟動初期，許多類別正在因「第一次主動使用」而被載入，這個過程會消耗系統資源，也會帶來平均回應時間的延長，此時系統的吞吐量是較低的。隨著時間的演進，大多數類別都被載入完畢，此時系統的吞吐量才會穩定到較高的值。

二是快取的預熱。系統剛啟動時，系統的快取中是沒有資料的，這時所有的查詢操作都需要直接查詢資料提供方，因此平均回應時間也是較長的。只有在系統執行一段時間後，快取預熱結束，才能以相對恒定的命中率對外提供服務。這時系統的吞吐量才會穩定到較高的值。

在限流、降級、熔斷發生前，針對系統的請求可能是巨量的，在系統恢復到正常階段後，這些請求可能仍然是巨量的。如果直接去除限流、降級、熔斷等保護手段讓這些請求傾瀉到尚未達到最大吞吐量的系統上，可能會導致系統的再次故障。因此，在恢復階段，應該逐漸增加請求。

逐漸增加請求的方式類似於限流，只是在限流的過程中逐漸增大請求的釋放量。具體的實施細節我們不再贅述。

8.2 服務閘道

8.2.1 產生背景

在分散式系統尤其是微服務系統中，每個節點都可以獨立對外提供服務。微服務系統如圖 8.9 所示。

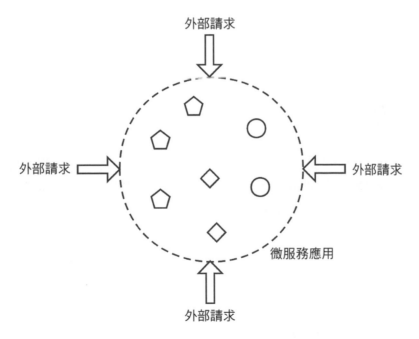

圖 8.9 微服務系統示意圖

這使得整個分散式系統的呼叫入口十分分散，不便於管理，這主要表現在以下幾個方面。

- 服務節點會不斷加入或退出，來自外部的請求難以被分流到合適的節點上。
- 外部請求會分散呼叫不同的服務，不便進行請求併發數的統計、控管等。
- 外部請求直接到達不同的服務，難以設定統一的許可權驗證。

如果微服務系統採用了遠端程式呼叫，則以上問題會更為複雜。因為以遠端程式呼叫為基礎的節點並沒有對外曝露 HTTP 介面，無法直接為外部請求提供服務。

因此，為外部請求設定統一的呼叫入口是十分必要的，這一入口就是服務閘道。

8.2.2 功能

閘道是外觀模式的典型應用，它對外提供了一個分散式系統的存取介面。透過閘道，外部請求可以存取分散式系統的各項服務，而不需要了解分散式系統內部的節點劃分。

分散式系統中的閘道如圖 8.10 所示。

在分散式系統中，閘道對外表現為許多介面的集合，外部請求可以透過閘道來請求分散式系統中的服務。閘道對內表現為一個服務呼叫方，它會呼叫其他服務來獲取對應的結果。

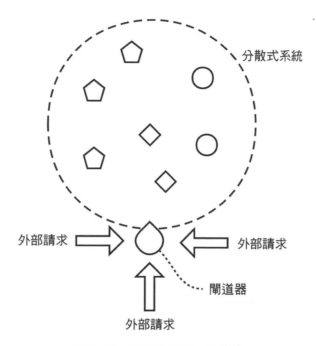

圖 8.10 分散式系統中的閘道

一般來說閘道可以完成的功能如下。

■ HTTP 請求的轉接：對於使用遠端程式呼叫的微服務系統而言，外部
的 HTTP 請求無法直接進入。閘道可以將外部的 HTTP 請求轉接為分
散式系統內部的 RPC 呼叫。

■ 請求路由：分散式系統中往往存在可以回應某個外部請求的多個同質
節點，閘道會透過服務發現來為外部請求選擇合適的節點。

■ 許可權驗證：閘道是外部請求進入分散式系統的唯一入口，可以在閘
道處完成外部請求的許可權驗證工作。

- 服務保護：閘道可以根據請求的併發數、系統的負載情況等，對外部請求進行流量控制，如採取限流、熔斷等保護措施。

- 監控統計：閘道可以統計進入系統的請求數目，並對請求呼叫的具體服務、請求傳入的參數等進行記錄。

8.2.3 結構

閘道的實現十分簡單，對於以介面開展呼叫為基礎的分散式系統而言，閘道只需要為外部請求提供路由功能即可。對於使用遠端程式呼叫的分散式系統而言，閘道則還要提供將 HTTP 請求轉接為遠端程式呼叫的功能。上述兩項功能是閘道的核心功能。

一般來說閘道還可以根據需要增加許可權驗證、服務保護、監控統計等附加功能，並且具有相關的設定、展示頁面。在具體實現上，閘道並不複雜，我們不再單獨多作說明。

8.3 本章小結

本章主要介紹了服務保護和閘道這兩個相對獨立的概念。

分散式系統中的節點多是低成本的小型伺服器，為防止它們在高負載情況下當機，出現了很多服務保護的手段。舉例來說，隔離、限流、降級、熔斷、恢復等。在本章中我們詳細介紹了每種手段的作用原理和實現方法。

在分散式系統尤其是微服務系統中，每個節點都可以獨立對外提供服務，這使得分散式系統的呼叫入口十分分散，不便於統一管理，因此產生了閘道。閘道的實現並不複雜，功能也很靈活，通常我們可以在閘道上實現路由、驗證、保護、統計等功能。

服務保護和閘道都不是分散式系統的必須功能，而是一些錦上添花的功能。它們的出現使分散式系統更為可靠和易於管理。

冪等介面

如果一個介面是冪等的,那麼它對重試呼叫是友善的。因此,在分散式系統中常要求某些介面滿足冪等性。

本章將從冪等概念的起源說起,嘗試將介面改造為冪等介面,即實現介面的冪等化。在這個過程中,我們先在數學領域探尋介面冪等化的想法,然後回歸到軟體開發領域,列出詳盡的介面冪等化方案。

本章內容將包括代數系統、離散數學、軟體工程等多個領域，展現理論指導實踐的全過程。當然，如果你確實對數學知識感到頭疼，也可以跳過數學部分，這並不影響你掌握具體的介面冪等化方案，雖然我們並不建議你這樣做。

9.1 概述

9.1.1 冪等介面概述

透過請求（包括 HTTP 請求和 RPC 請求等）進行通訊是節點間開展協作的重要方式。但呼叫方可能會在發出請求後遺失請求狀態，即無法判斷請求發送了嗎？請求到達了嗎？請求被執行了嗎？請求執行成功了嗎？

造成請求狀態遺失的原因有很多，如網路故障、介面呼叫方當機、介面提供方當機等。在分散式系統中，遺失請求狀態的機率更高，有以下兩方面的原因。

第一是因為分散式系統中節點的加入和退出是頻繁的。分散式系統的服務呼叫方和提供方往往都是叢集。服務呼叫方中的某個節點發出請求後，由於當機或角色切換等原因，其後續工作可能由另一個節點代替，而新節點無法判斷舊節點發出的請求的具體狀態。服務提供方中的某個節點在接收請求後也可能被代替，使得它處理了一半的請求被直接捨棄。

第二是因為分散式系統中節點間的呼叫更為頻繁。在第 7 章已經討論過，分散式系統將原本存在於單體應用中的模組分散到了不同的節點中。這些模組間的通訊是頻發的且跨節點的。請求更頻繁,便更容易出現遺失請求狀態的情況。

因此,在分散式系統的架構設計中,要格外注意請求狀態的遺失問題。

當一個請求的狀態遺失後,通常要讓呼叫方重新發一個請求。

然而,上述操作是存在風險的。因為介面提供方可能會收到兩次請求,這種不確定性可能讓介面提供方進入一個不確定的狀態。

假設介面提供方存在以下介面。

介面:

$$設定系統變數\ value = value + 1$$

介面提供方接收到一次請求和兩次請求,對應的 value 值是不同的。也就是說,介面被呼叫的次數直接影響了介面提供方的狀態。在這種情況下,呼叫方不能貿然重新發出一個呼叫請求。

在實際中,這樣的例子有很多,銀行轉帳就是其中一個。當一個轉帳請求的狀態遺失後,我們不能貿然地再轉一次。因為存在一種可能,兩筆轉帳都會成功。

在這種場景下,我們希望介面具有以下特性:一個介面被任意入參呼叫一次和被相同的入參連續呼叫多次,其對系統的影響完全相同。

如果一個介面具有上述特性,就說該介面是冪等介面,或說該介面滿足冪等性。

顯然,冪等介面對重試呼叫是友善的。在遺失請求狀態後,呼叫方可以放心地重複呼叫冪等介面,而完全不需要擔心引發意外的結果。

但並不是所有的介面都是冪等介面，如具有 " value = value + 1 " 邏輯的介面就不是。下面的問題就是我們本章要討論的。

- 什麼樣的介面是冪等介面？
- 如果一個介面是非冪等的，那麼能不能把它轉化為冪等介面？
- 如果能，那麼該怎麼轉化呢？

在這一章中，我們將詳細探討介面冪等性的相關理論基礎、推導過程、專案實踐。

介面是一個寬泛的概念，它包括我們常見的 HTTP 介面，也包括遠端程式呼叫中的介面等。本質上，介面就是使用通訊協定、呼叫規範等對函數的進一步封裝。舉例來說，下面所示的 "/query" 介面就是使用 HTTP協定對 query 函數進行的封裝。

```
@RequestMapping(value = "/query")
public Map<String, Object> query(OperationForm operationForm) {
    return logBusiness.query(operationForm);
}
```

因此，在不考慮封裝時，介面和函數這兩個概念是等值的。

9.1.2 章節結構

軟體領域中的冪等概念來自數學領域 [5]。為了深入了解冪等介面的實現原理並指導我們完成相關的設計，需要從數學領域入手。

首先，我們會介紹一些數學知識。這些知識稍顯抽象但並不晦澀，它們將向我們展現冪等概念的來龍去脈，並為介面冪等化提供理論指引。

然後，我們會探討函數的概念，函數在數學領域和軟體領域都十分常見。之後，我們會借助數學工具思考如何將非冪等的複合函數轉化為冪等的複合函數，即實現複合函數的冪等化。

最後，我們回到軟體領域，將複合函數冪等化的相關理論知識加以應用，從而實現介面的冪等化。該部分將包含詳細的軟體工程方案。

所以本章包括抽象的數學知識、具象的理論推導、專案化的實踐方案。整個章節的敘述過程就是一個用理論指導實踐的過程。

為防止大家在閱讀本章時迷失方向，我們列出本章的結構圖，如圖 9.1 所示。

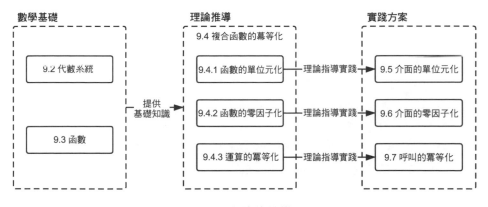

圖 9.1 章節的結構圖

透過本章，大家將了解冪等介面的來龍去脈、學到介面冪等化的原理、掌握介面冪等化的工程方法。更重要的是，學會用理論知識指導專案開發的想法。

9.2 代數系統

9.2.1 代數系統的定義

集合和集合上的運算組成的系統稱為代數系統,它包括群、環、域、格等典型的代數系統 [6,7]。

定義 9.1:

設 A 為非空集合,由 A 和 A 上的許多運算 $*_1, *_2, *_3, \cdots, *_n$ 組成的系統稱為代數系統,記為 $(A, *_1, *_2, *_3, \cdots, *_n)$。代數系統簡稱為代數。

上述定義中,$*_n$ 代表的是一種運算,它可以用很多符號來表示,如 $*$,△,□等,我們不需要太關心這些符號長什麼樣,而要關心它們具體代表怎樣的運算規則。在初等算術中,常見的運算有加法運算、減法運算、乘法運算、除法運算等,其使用的 +、−、×、÷ 符號也都是我們定義出來的,而我們也可以將這些符號定義為其他運算。

我們對代數系統並不陌生。舉例來說,R 表示實數集,+ 表示加法運算,× 表示乘法運算,則 $(R, +)$、$(R, \times)$、$(R, +, \times)$ 都是我們熟悉的代數系統。

9.2.2 特殊元素

這一節介紹代數系統中的幾個特殊元素及它們的性質。

▨ 單位元

定義 9.2：

假設 $(A,*)$ 是代數系統，如果存在 $e \in A$ 使得任何 $x \in A$ 滿足 $x*e = e*x = x$ ，則稱 e 是 $(A,*)$ 的單位元。

當然，上述定義只考慮了代數系統中有一個運算的情況。如果代數系統中存在多個運算，則不同的運算可能有各自的單位元。

舉例來說，在 $(I,+,\times)$ 中，0 是 $+$ 運算的單位元，1 是 $\times$ 運算的單位元。

定義 9.3：

假設 $(A,*)$ 是代數系統，如果存在 $e_l \in A$（或 $e_r \in A$）使得任何 $x \in A$ 滿足 $e_l*x = x$（或 $x*e_r = x$），則稱 e_l（或 e_r）是 $(A,*)$ 的左單位元（或右單位元）。

上述定義列出了左單位元和右單位元兩個概念。並且也很好了解，左單位元在運算的左邊，右單位元在運算的右邊。

顯然，單位元既是左單位元，又是右單位元。但是反過來，左單位元不一定是單位元，右單位元也不一定是單位元。而且在一些代數系統中，左單位元和右單位元並不一定都會存在。

舉例來說，代數系統（　　），其中 $*$ 運算的定義為對於 $a,b \in N$，有 $a*b = a^b$，則在代數系統 $(N,*)$ 中，1 是右單位元，因為有 $x*1 = x^1 = x$。但 1 不是左單位元，因為有 $1*2 = 1^2 = 1 \neq 2$。事實上，代數系統 $(N,*)$ 中沒有左單位元，也便沒有單位元 [8]。

定理 9.4：

假設 $(A,*)$ 是代數系統，並且 $*$ 可交換。如果 e 是左單位元或右單位元，則 e 是單位元。

該定理也容易被證明。假設 e_l 是左單位元，因為 $*$ 可交換，則有 $e_l * x = x * e_l = x$，則 e_l 也是右單位元，那它也是單位元。同理，也可以證明右單位元也是單位元。

定理 9.5：

假設 e_l 和 e_r 分別為代數系統 $(A,*)$ 的左單位元和右單位元，則 $e_l = e_r$，正好是單位元。

該定理是說，如果代數系統同時存在左單位元和右單位元，則兩者必定相等，且為單位元。而且很好證明，因為 e_r 是右單位元，一定有 $e_l * e_r = e_l$；因為 e_l 是左單位元，一定有 $e_l * e_r = e_r$。所以，$e_l = e_r$。則對於任意 $x \in A$，有 $e_l * x = x = x * e_r = x * e_l$，則 $e_l = e_r$ 是單位元。

如果系統中存在單位元，那麼會不會有多個單位元呢？

定理 9.6：

假設代數系統 $(A,*)$ 有單位元，則單位元是唯一的。

我們也證明一下該定理。假設代數系統 $(A,*)$ 存在兩個單位元 e_1 和 e_2。因為 e_1 是單位元，則有 $e_1 * e_2 = e_2$；因為 e_2 是單位元，則有 $e_1 * e_2 = e_1$。因此，$e_1 = e_2$，即單位元是唯一的。

透過本節我們可以複習出代數系統中單位元的重要特點：它與其他元素進行運算時，直接將其他元素值作為運算的結果。

▨ 零因子

定義 9.7：

假設 $(A,*)$ 是代數系統，如果存在 $\theta \in A$ 使得任何 $x \in A$ 滿足 $x*\theta = \theta*x = \theta$，則稱 θ 是 $(A,*)$ 的零因子。

零因子中雖然存在一個「零」字，但是不要將其和初等算術中的 0 混淆。

同樣，上述定義只考慮了代數系統中有一個運算的情況。如果代數系統中存在多個運算，則不同的運算可能有各自的零因子。

舉例來說，在 $(I,+,\times)$ 中，$+$ 運算沒有零因子，0 是 $\times$ 運算的零因子。

定義 9.8：

假設 $(A,*)$ 是代數系統，如果存在 $\theta_l \in A$（或 $\theta_r \in A$）使得任何 $x \in A$ 滿足 $\theta_l * x = \theta_l$（或 $x * \theta_r = \theta_r$），則稱 θ_l（或 θ_r）是 $(A,*)$ 的左零因子（或右零因子）。

上述定義也很好了解，左零因子在運算的左邊，右零因子在運算的右邊。

顯然，零因子既是左零因子，又是右零因子。但是反過來，左零因子不一定是零因子，右零因子也不一定是零因子。而且在一些代數系統中，左零因子和右零因子並不一定都會存在。

舉例來說，代數系統 $(N,*)$，其中 $*$ 運算的定義為對於 $a,b \in N$，有 $a*b=a$。則在代數系統 $(N,*)$ 中，任何元素都是左零因子，不存在右零因子。

定理 9.9：

假設 $(A, *)$ 是代數系統，並且 $*$ 可交換。如果 θ 是左零因子或右零因子，則 θ 是零因子。

該定理也容易證明。假設 θ_l 是左零因子，因為 $*$ 可交換，則有 $\theta_l * x = x * \theta_l = \theta_l$，則 θ_l 也是右零因子，那麼它也是零因子。同理，也可以證明右零因子也是零因子。

定理 9.10：

假設 θ_l 和 θ_r 分別為代數系統 $(A, *)$ 的左零因子和右零因子，則 $\theta_l = \theta_r$，正好是零因子。

定理 9.11：

假設代數系統 $(A, *)$ 有零因子，則零因子是唯一的。

定理 9.10 和定理 9.11 的證明可以參照定理 9.5 和定理 9.6 的證明，我們不再詳細說明。

透過本節我們可以複習出代數系統中零因子的重要特點：它與其他元素進行運算時，直接將自身元素值作為運算的結果。

可以看出，單位元和零因子存在很多相似之處，但兩者並不相同。

定理 9.12：

假設 $(A, *)$ 是代數系統，$|A| > 1$，如果單位元 e 和零因子 θ 都存在，則 $e \neq \theta$。

該定理可以使用反證法證明。假設 e 既是單位元也是零因子，任取 $a \in A$，當 e 作為單位元時，有 $e * a = a$；當 e 作為零因子時，有 $e * a = e$，因

此得到 $a = e$。因為 a 是 A 中的任意元素，所以必須要有 $A = \{e\}$，這和 $|A| > 1$ 矛盾。

9.2.3 冪等

定義 9.13：

假設 $(A, *)$ 是代數系統，如果 A 中存在元素 a 使得 $a * a = a$，則稱 a 為 $(A, *)$ 的冪等元。如果對於任何 $a \in A$ 都有 $a * a = a$，則稱運算 $*$ 是冪等的，或説 $*$ 滿足冪等律或具有冪等性。

常見地，集合的並、交運算滿足冪等律。

我們可以發現，代數系統 $(A, *)$ 中的左單位元、右單位元、左零因子、右零因子都是冪等元。該結論非常重要，並且該結論可以透過上述各類元素的定義直接證明。

擴充閱讀

冪

上文中，我們已經討論了冪等的相關概念。但通常我們提起「冪」這個字時，首先想到的是 a^b 這種形式。為了避免大家的疑惑，我們向大家説明 a^b 這種形式的含義。

定義 9.14：

假設 $*$ 是集合 A 上的運算，如果對於任何 $a, b, c \in A$，有 $(a * b) * c = a * (b * c)$，則稱運算 $*$ 滿足結合律，或稱 可結合。

常見地，實數的加法、乘法滿足結合律。

冪等律、結合律是運算可能滿足的幾個特殊性質，此外，運算可能滿足的幾個常見性質還有交換律、分配律，這些我們都不再一一展開。常見地，實數的加法、乘法滿足交換律，實數的乘法對於加法滿足分配律。

假設 是可結合的，則小括號代表的優先運算已經沒有意義，因此我們可以將小括號直接省略，即

$$(a*a)*a = a*(a*a) = a*a*a$$

這時，我們可以直接把上述 n 個 a 的 運算寫成冪的形式 a^n。

定義 9.15：

假設 $*$ 是集合 A 上的運算，且 $*$ 可結合，則對於任何 $a \in A$，$n \in I^+$，規定 a^n 為：$a^1 = a$ 且 $a^{n+1} = a^n * a$。

到了這一步，冪的定義也就清楚了，它實際是可結合運算的簡寫形式。在初等算術中，乘法運算中有冪的形式，如 a^n 表示 n 個 a 的乘法運算。

9.3 函數

9.3.1 函數的定義

無論在數學領域還是軟體領域，函數都是一個十分常見的概念[9]。事實上，函數的概念起源於數學領域，然後逐漸演化到了軟體領域。在這兩個領域中，函數的概念是相近的。

在軟體領域，函數就是一個有輸入和輸出的功能模組。我們熟悉的 C 語言是一種函數式程式語言[10]，意思是説程式要實現的功能會被分解為函數，然後實現。

在數學領域，函數就是映射。

定義 9.16：

任意指定兩個集合 A 和 B，如果存在一個對應法則 f，使得任意 $x \in A$ 存在唯一的 $y \in B$ 與之對應，則稱 f 是集合 A 到 B 的映射，或稱 f 是集合 A 到 B 的函數。函數示意圖如圖 9.2 所示。

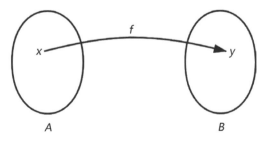

圖 9.2 函數示意圖

可見，數學領域中的函數就是一種對應關係。

在軟體領域中，函數也是指對應關係，並且存在兩種角度來看待函數這一對應關係。

■ 將軟體領域的函數看作是輸入參數到傳回值的對應關係。呼叫函數，我們可以由一組輸入參數得到一組傳回值。

■ 將軟體領域的函數看作是軟體系統的舊狀態到新狀態的對應關係。呼叫函數，我們可以將系統從舊狀態轉化到一個新狀態。

以上兩種角度都是可取的。

當採用第一種角度時，輸入參數與傳回值之間的對應關係如圖 9.3 所示。

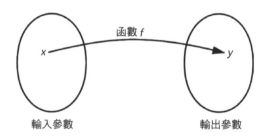

圖 9.3 輸入參數與傳回值之間的對應關係

採用這種角度時，n 元函數的定義值得我們關注。

定義 9.17：

在函數的定義中，假設 $A = A_1 \times A_2 \times \cdots \times A_n$，則任意 $x \in A$ 有 $x = (x_1, x_2, \cdots, x_n)$，其中 $x_i \in A_i$，$1 \leqslant i \quad n$。這時，$f(x) = f((x_1, x_2, \cdots, x_n))$。稱 f 為 $A_1, A_2, \cdots, A_n$ 到 B 的 n 元函數。

當 $n = 0$ 時，即無參函數。透過上述定義我們也可以得出結論：在 n 元函數中各個參數是有次序的。

當採用第二種角度時，恒等函數的定義值得我們關注。

定義 9.18：

設 A 是集合，令 $f: A \rightarrow A, f(x) = x$，則稱 f 為集合 A 上的恒等函數。

這裡要注意的是，在軟體系統中，$f(x)$ 中的輸入參數 x 是一個廣泛的概念。它可以是整個系統的狀態，也可以是系統中某個（或幾個）物件的狀態（或狀態的集合），還可以是物件中某個（或幾個）屬性的狀態（或狀態的集合）。其具體所指需要根據具體場景判斷。

在接下來的論述中，我們將採用第二種角度，將系統的函數看作是系統的舊狀態到新狀態的映射，如圖 9.4 所示。在這種角度下，函數的定義域和值域是相同的，都是系統能夠達到的所有狀態組成的集合。

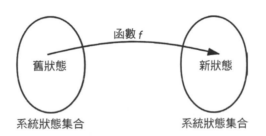

圖 9.4 舊狀態與新狀態之間的對應關係

9.3.2 複合函數

定義 9.19：

假設 $f: A \rightarrow B$，$g: B \rightarrow C$，對於任意 $x \in A$，$h(x) = g(f(x))$，則稱 h 為 f 和 g 的複合函數，記為 $h = f \circ g$。

由 $(f \circ g)(x) = g(f(x))$ 可以看出，在 $f \circ g$ 中，左側的函數是先被運算的，然後將運算結果作為右側函數的輸入參數。

我們可以用圖 9.5 表示複合函數 $f \circ g$。

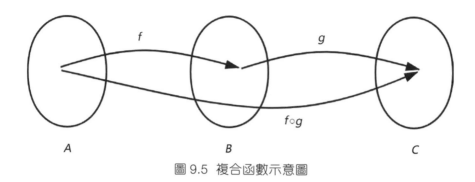

圖 9.5 複合函數示意圖

顯然，複合函數 $f \circ g$ 中的複合運算。並不滿足交換律。舉例來說，$(f \circ g)(x) = g(f(x))$ 有意義並不代表 $(g \circ f)(x) = f(g(x))$ 有意義。即使兩者都有意義，也不一定相等。

<h1>9.4　複合函數的冪等化</h1>

在這一節中，我們將討論如何讓複合函數滿足冪等性。即假設存在一個複合函數 $f \circ f$，討論它在什麼條件下會滿足 $f \circ f = f$。

為便於指代，我們用 $f_l \circ f_r$ 表示要討論的複合函數 $f \circ f$，因此有 $f_l = f_r$。

在 9.1.1 節我們已經說明過，在不考慮封裝的情況下，介面和函數這兩個概念是等值的。因此，這一節實際就是在討論介面的冪等化問題，具有重要的意義。在完成這一節的討論後，我們將得出在工程領域實現介面冪等化的想法。

9.4.1 函數的單位元化

我們已經知道，對於代數系統中的某個運算而言，該運算的左單位元和右單位元都是幂等的。那麼，要想讓複合函數 $f_l \circ f_r$ 是幂等的，只需要讓 f_l 是左單位元，或 f_r 是右單位元即可。

在運算中，左單位元的特點是直接將右元素作為整個運算的結果。對於函數而言，恒等函數滿足這一條件。如果 f_l 是恒等函數，則會將參數直接傳遞給右函數，即實現 $(f_l \circ f_r)(x) = f_r(f_l(x)) = f_r(x)$。

同理，右單位元的特點是直接將左元素作為整個運算的結果，也只有恒等函數才能滿足。如果右單位元是恒等函數，則會將左函數的計算結果直接傳遞為最終結果，即實現 $(f_l \circ f_r)(x) = f_r(f_l(x)) = f_l(x)$。

可見，恒等函數既是左單位元又是右單位元。根據定理 9.5，恒等函數為單位元。

所以只要讓 f 是恒等函數，就可以實現複合函數 $f \circ f$ 的幂等化。

9.4.2 函數的零因子化

我們已經知道，對於代數系統中的某個運算而言，左零因子和右零因子都是幂等的。那麼，要想讓複合函數 $f_l \circ f_r$ 是幂等的，只需要讓 f_l 是左零因子，或 f_r 是右零因子即可。

▨ 左零因子

在複合函數 $f_l \circ f_r$ 中，f_l 先於 f_r 執行。左零因子化，要以 f_l 的角度看待問題，而非 f_r 的角度。從 f_l 的角度看，它之前沒有發生過呼叫，而它也無法預知在它之後會不會發生呼叫。

左零因子的特點是忽略右元素，直接將自身元素作為運算結果。要想滿足左零因子的特點，f_l 應該實現「列出自身結果並忽略後續函數」的功能。

其中「列出自身結果」是容易實現的，但是「忽略後續函數」卻很困難。因為從時間先後上看，函數 f_r 發生在 f_l 的後面，所以 f_l 很難讓系統去忽略一個尚未發生的函數。

除非，f_l 讓系統失去對後續函數的回應能力。這是極為苛刻的，即使 f_l 是關機函數，只要 f_r 是開機函數，則 f_l 的結果（關機）也會被 f_r 的結果（開機）覆蓋。所以，f_l 必須導致系統不可修復地銷毀，這樣後續的所有函數呼叫都會被忽略，f_l 的結果也便被永久保留了。

考慮到我們有條件 $f_l = f_r$，則 f_l 不必引發系統的自我銷毀，只需要讓系統保證不再回應該函數即可，可以繼續回應其他函數，即讓函數 f_l（也就是 f_r）是一次性的。因此，任何一次性的函數都是冪等函數。

有了條件 $f_l = f_r$ 之後，關機函數是不是一個符合左零因子的冪等函數呢？

要想解答這一問題，需要我們考慮一個角度問題：冪等函數的 $f \circ f = f$ 是對於函數呼叫方而言的，還是對於函數提供方而言的？

答案顯然是呼叫方。可以連續呼叫冪等函數多次而不會引發混亂，這是從呼叫方的角度出發的。呼叫方 A 發起了兩次呼叫 $f_A \circ f_A$ 同等於發起一次呼叫 f_A，但從函數提供方角度看，它可能同時在接收呼叫方 B 的呼叫，即在函數提供方發生的函數呼叫可能是 $f_A \circ f_B \circ f_A$。

因為左零因子化要忽略後續函數，即要保證第一個 f_A 有效，而非第二個 f_A 有效。所以冪等介面要保證 $f_A \circ f_B \circ f_A$ 的執行結果和 $f_A \circ f_B$ 的執行結果一樣。

了解了上述這一點，我們會發現關機函數並不是一個符合左零因子的冪等函數。假設呼叫方 A 連續呼叫兩次關機函數之間插入了呼叫方 B 的開機函數，則第二次關機函數確實被執行了，並且改變了系統的狀態——覆蓋了開機函數的結果。

在實際應用中，除了少數特殊函數，我們往往希望一個函數能持續地提供服務，而非一次性的。函數左零因子化要求該函數是一次性的，這是十分苛刻的，因此很少被使用。

▨ 右零因子

在複合函數 $f_l \circ f_r$ 中，f_r 晚於 f_l 執行。右零因子化要以 f_r 的角度看待問題，而非 f_l 的角度。

右零因子的特點是忽略左元素的值，直接將自身元素作為運算的結果。要想滿足右零因子的特點，f_r 應該實現「忽略之前函數並列出自身結果」的功能。

上述功能是容易實現的，只要在列出自身結果的時候不參考之前的呼叫結果即可。反映在函數上就是函數的輸出值與輸入值無關。

設定值函數就是一個右零因子，形如 $f(x)=a$，它會忽略系統的舊狀態 x，直接將系統設定為狀態 a。所以，設定值函數滿足冪等性。

我們再去思考上文討論過的關機函數，會發現關機函數是一個符合右零因子的冪等函數。無論之前系統是什麼狀態，該函數都能將系統置為關機狀態。或說，它能夠保證 $f_A \circ f_B \circ f_A$ 的執行結果和 $f_B \circ f_A$ 的執行結果一樣。

這裡再進行一下區分：

- 如果一個函數 f_A 是左零因子的，它能做到多次呼叫後僅有第一次呼叫真實生效，即 $f_A \circ f_B \circ f_A = f_A \circ f_B$，如一次性函數。

- 如果一個函數 f_A 是右零因子的，它能做到多次呼叫後僅有最後一次呼叫真實生效，即 $f_A \circ f_B \circ f_A = f_B \circ f_A$，如設定值函數。

▨ 零因子

我們已經討論了函數中的左零因子和右零因子，那麼一個複合運算中是不是可以同時存在左零因子和右零因子，即存在零因子呢？

假設某個代數系統的函數複合運算中存在左零因子 f_l 和右零因子 f_r，那麼 f_l 和 f_r 的功能分別如下。

- f_l：列出自身結果並忽略後續函數。
- f_r：忽略之前函數並列出自身結果。

以上兩個功能顯然是矛盾的，f_l 和 f_r 無法同時存在一個系統中。因此，在系統中，左零因子和右零因子最多只會存在一個，不可能存在零因子。

9.4.3 運算的冪等化

尋找單位元和零因子等特殊元素使複合函數 $f \circ f$ 滿足冪等性，確實是一種可行的解決方案。但這需要函數滿足特定的條件，其普適性不強。

既然代數系統中的運算是可以定義的，那麼我們是否可以直接定義一個冪等的複合運算呢？這樣無論任何函數透過該複合運算都可以滿足冪等性。

我們在複合運算。基礎上定義一個冪等複合運算 Δ：

$$f \Delta g = \begin{cases} f, & f = g \\ f \circ g, & f \neq g \end{cases}$$

有了冪等複合運算 Δ ，任何函數都滿足 $f \Delta f = f$，即實現了冪等化。

實現上述冪等複合運算 Λ 的關鍵在於右函數 g。因為右函數 g 的執行時間在左函數 f 之後，右函數 g 可以透過一些資訊判斷左函數是否與自身相等。

從右函數 g 的角度看，上式等於：

$$g(x) = \begin{cases} x, & \text{自身已經執行過一次} \\ g(x), & \text{自身尚未執行} \end{cases}$$

實現上述 g 函數的關鍵在於判斷 g 自身是否執行過，並讓 g 根據判斷結果執行不同的行為。如果 g 判斷自身是被初次呼叫的，則正常執行；如果 g 判斷自身不是被初次呼叫的，則不改變系統狀態。

9.4.4 複合函數冪等化複習

我們已經從理論層面詳細討論了複合函數冪等化的想法,具體有以下三種。

- 函數的單位元化,即讓函數不改變系統的狀態。具體來說就是將函數轉化為恒等函數。

- 函數的零因子化,包括左零因子化和右零因子化。
  - 左零因子化以左函數(先執行的函數)的角度看問題,要求該函數能讓系統直接忽略以後的呼叫。具體來說就是讓函數是一次性的。
  - 右零因子化以右函數(後執行的函數)的角度看問題,要求該函數能忽略系統當前狀態,直接將系統設為特定狀態。具體來說就是讓函數為設定值函數。

- 運算的冪等化是在原有複合運算的基礎上建立一種冪等複合運算。它以右函數的角度看問題,要求右函數判斷自身是否已經執行過,並根據判斷結果採取不同的執行方式:如果尚未執行過,則正常執行;如果已經執行過,則不改變系統狀態,即將自身轉為恒等函數。

至此,我們已經完成了函數冪等化的討論。

在 9.1.1 節,我們已經說明過,在忽略封裝的情況下,介面和函數這兩個概念是等值的。所以,介面冪等化的想法也變清晰了,只不過還都停留在理論層面。

在接下來的 9.5 節～ 9.7 節,我們將理論層面的想法實踐,列出對應的專案方案。

9.5 介面的單位元化

在 9.4.1 節我們已經討論過，只要讓 f 是恒等函數，就可以實現複合函數 $f \circ f$ 的冪等化。

因此，恒等介面形如 $f(x) = x$，是冪等的。軟體中的各種查詢介面就滿足這種形式，因此，查詢介面一定是冪等的。

能不能將非冪等介面轉化為查詢介面，從而實現介面的冪等化呢？

很難。因為查詢介面不會改變系統的狀態，而許多介面存在的目的就是修改系統的狀態，如一些增、刪、改功能的介面等。顯然我們無法將這些具有修改系統狀態功能的介面轉化為查詢介面。

9.6 介面的零因子化

介面的左零因子化要求介面必須是一次性的，即軟體回應一次針對該介面的請求後，便直接忽略後續的請求。

在實際應用中，往往希望介面提供持續的服務。除非一個介面本身就是要提供一次性的服務，否則將介面轉為一次性介面並不是一個可接受的介面冪等化方案。

因此，介面的零因子化主要是指介面的右零因子化。

介面的右零因子化就是將介面轉為形如 $f(x) = a$（其中 a 為定值）的設定值介面，即不管系統原本處於何種狀態，介面都直接將系統設定為一個固定狀態。

根據這個思想可以將一些非冪等介面拆分轉化為多個設定值介面，例如
介面 A 的功能是完成圖 9.6 所示的狀態流轉。

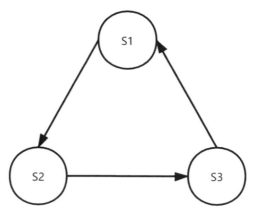

圖 9.6 狀態流轉圖

介面 A 的功能描述如下。

介面 A：

　狀態流轉操作，即將當前狀態轉為下一個狀態。

介面 A 顯然不是冪等介面，但是我們可以將其拆分為多個設定值介面，
拆分後的介面及其功能定義如下。

介面 A1：

　將系統狀態設定為 S1。

介面 A2：

　將系統狀態設定為 S2。

介面 A3：

　將系統狀態設定為 S3。

拆分結束後的介面 A1、A2、A3 同樣可以實現介面 A 的狀態流轉功能。同時，介面 A1、A2、A3 都是設定值介面，都是冪等的。因此，透過拆分，我們實現了介面 A 的冪等化。

9.7 呼叫的冪等化

直接將複合呼叫修改為冪等複合呼叫是一種通用的介面冪等化方案。要實現這一點，關鍵在於讓介面 g 滿足：

$$g(x) = \begin{cases} x, & \text{自身已經執行過一次} \\ g(x), & \text{自身尚未執行} \end{cases}$$

要將上述數學運算式轉化到實踐中，關鍵在於兩點：第一點，要求介面能夠判斷自身是否已經被呼叫過（指的是呼叫且執行成功）；第二點，要求介面能夠在判斷自身已經被呼叫過之後，變為恒等介面。

其中，第二點相對簡單，只要讓介面對應的增、刪、改操作失敗或取消，就可以轉為恒等介面。因此，關鍵在於讓介面判斷自身是否被呼叫過。

根據具體功能的不同，有以下幾種想法供介面 g 判斷自身是否被呼叫過：

- 對於插入介面，可以透過判斷資料是否已經插入來判斷該介面是否被呼叫過。

- 對於刪除介面，可以透過判斷資料是否已經刪除來判斷該介面是否被呼叫過。

- 對於更新介面，可以透過判斷資料是否已經更新來判斷該介面是否被呼叫過。
- 更簡單直接地，可以直接記錄每一個介面的呼叫情況，進而判斷一個介面是否被呼叫過。

對以上四種想法進行工程化實踐，就獲得了下面的四種方案。

9.7.1 判斷插入資料

如果 g 是一個插入介面，則可以透過資料是否已經插入來判斷自身是否執行過。目標資料表中的唯一性約束或 "ON DUPLICATE KEY UPDATE" 敘述等都可以説明系統完成這一判斷。

其中，"ON DUPLICATE KEY UPDATE" 敘述的使用如下所示：

```
INSERT INTO `tableName` (item01, item02, updateTime)
VALUES(#{item01},#{item02},now())
ON DUPLICATE KEY UPDATE
updateTime = now();
```

在第一次執行 g 時能夠順利插入資料，而再次執行 g 時不會插入新資料。這樣，該介面就滿足了冪等性。

當然，重複呼叫上述虛擬程式碼會導致 updateTime 屬性的變動，因此嚴格意義上來講，該介面不算是冪等介面。但很多場景下我們可以將這類介面當作冪等介面看待。

在資料庫沒有進行去重功能的情況下，我們也可以直接判斷資料是否已經存在。如果資料不存在，則插入資料；如果資料已經存在，則不操作。虛擬程式碼如下所示。

```
if ((SELECT COUNT(*) FROM `user` WHERE `name` = "易哥") == 0)
{
    INSERT INTO `user` VALUES ('1', '易哥', 'yeecode@yeecode.top', '18',
'0', 'Sunny School');
}
```

9.7.2 判斷刪除資料

對於刪除介面,可以透過要刪除的目標資料是否存在來判斷自身是否被呼叫過。如果目標資料存在,則自身沒有被呼叫過,此時介面應該執行刪除目標資料的操作。如果目標資料不存在,則自身已經被呼叫過,此時介面不應該改變系統狀態。

我們發現普通的刪除介面就可以滿足上述條件,因為當它刪除一個已經被刪除過的資料時,不會引發系統的任何改變。可見,刪除介面就是一個冪等介面。

9.7.3 判斷資料版本

對於更新操作介面,我們可以為目標資料增加一個版本編號,用此來判斷自身是否執行過。

舉例來説,一個更新 user 物件的介面,以下面的虛擬程式碼所示。

```
介面A:
    user.age = user.age + 1
```

顯然該介面不是冪等的。我們對目標資料 user 增加一個版本編號 version,該版本編號記錄了 user 物件的變動次數,並在每次變更操作前增加對版本編號的驗證。這樣,虛擬程式碼變成:

```
介面B：
    if(user.version == #{orignVersion})
    {
        user.age = age+1;
        user.version = #{orignVersion} + 1;
    }
```

則介面 B 是冪等的。在 orignVersion=7 的情況下，無論我們呼叫多少次「介面 B?orignVersion=7」（這裡的問號是 HTTP 請求中 URL 和參數之間的分隔符號號）操作，user.age 都只會增加一次。

在實踐中，我們可以透過在資料庫中增加版本編號欄位實現這一點，即將資料庫操作由：

```
介面A：
    UPDATE `user` SET age=age+1;
```

修改為

```
介面B：
    UPDATE `user` SET age=age+1, version=version+1  WHERE version =
#{orignVersion};
```

當然，version 欄位並不一定需要新建，可以根據情況重複使用 updateTime 等屬性。

以版本編號為基礎的冪等化改造會增加介面的呼叫成本。之前我們可以透過「介面 A」的方式呼叫介面 A，但是現在需要透過「介面 B?orignVersion=7」的方式呼叫介面 B。改造後，在呼叫介面前需要增加一次查詢操作以獲得當前資料的 orignVersion（查詢操作介面本身是冪等介面），然後才可以放心地多次呼叫介面 B，該過程如圖 9.7 所示。

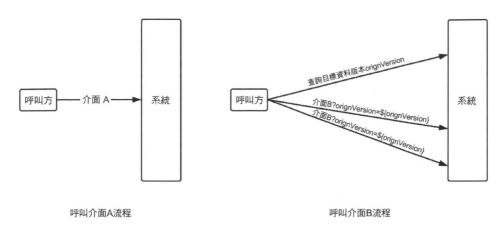

呼叫介面A流程 呼叫介面B流程

圖 9.7 介面呼叫示意圖

因此，這種操作本質上是將一個非冪等介面拆分為兩個冪等介面的組合。在拆分中，系統提供了一個可以判斷介面是否為初次呼叫的依據。

9.7.4 攔截重試呼叫

要判斷一個介面是否被呼叫過，還有一種更為簡單的方式——直接記錄介面的呼叫情況。

要將一個介面轉為恒等介面，也有一種更為粗暴的方式——攔截該介面的呼叫。既然呼叫被攔截了，系統狀態顯然不會發生任何改變，相當於將介面變成了恒等介面。

於是產生了另一個想法：為所有的呼叫請求增加一個唯一的編號，後續的重試請求也必須攜帶該編號。每當請求被成功執行時，則記錄請求的這一編號。這樣，當這個編號第一次出現時，表示這是初次呼叫；當這個編號再次出現時，表示這是重試呼叫。對於初次呼叫全部放行，對於重試呼叫直接攔截。

上述操作是與業務邏輯完全無關的，我們可以將其作為一個獨立的通用服務提供給分散式系統使用，暫且稱其為冪等服務中心。它的工作邏輯如下。

- 任何一個請求發出前，請求的發出方需要向冪等服務中心申請一個全域唯一編號（該申請操作不需要攜帶編號），並在發出該請求時始終帶有該編號。

- 如果被呼叫方成功執行完某個請求，則將該請求的編號寫入冪等服務中心，以標記該請求已經被成功完成。

- 任何請求在到達目標系統時，都需要經過冪等服務中心的過濾：
  - 如果該請求已經在冪等服務中心標記為成功完成，則該請求是重試呼叫，直接攔截。
  - 如果該請求尚未在冪等服務中心標記為成功完成，則該請求是初次呼叫或之前的呼叫並未成功，放行該請求。

冪等服務中心工作示意圖如圖 9.8 所示。

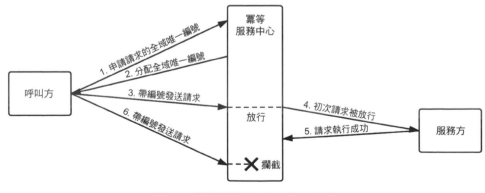

圖 9.8 冪等服務中心工作示意圖

進一步地，請求方向冪等服務中心申請唯一請求編號的過程可以省略。只要給每個請求發出方定義一個唯一的編號 "RequestClientId"，然後由請求發出方生成一個遞增的編號 "RequestId"，則將 "RequestClientId_ RequestId" 作為請求編號就能保證全域唯一性。在專案應用中，要注意根據具體應用場景解決高頻重複呼叫可能引發的問題。即在冪等服務中心放過初次請求之後、接收到該請求被成功執行的資訊之前，防止後續的重試請求透過冪等服務中心到達服務方，進而使得介面被重複呼叫。

任何一個介面，無論它是否滿足冪等性，經過冪等服務中心的支援，它都能滿足冪等性。冪等服務中心的作用如圖 9.9 所示。

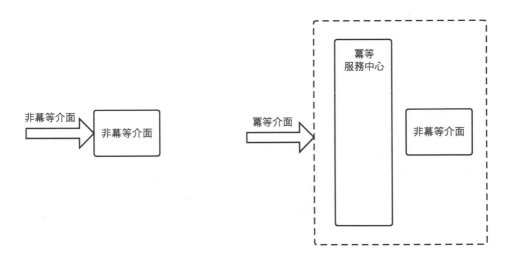

圖 9.9　冪等服務中心的作用

透過這種方式，我們可以將任何非冪等介面轉化為冪等介面。

9.8 冪等介面複習

介面的冪等化問題不是分散式系統獨有的問題，但下面兩點使得分散式系統中更容易出現遺失請求狀態的情況：

- 分散式系統中的節點可能會在執行過程中加入與退出，這使得新節點無法判斷舊節點發出的請求的具體狀態。
- 分散式系統的出現，使原本存在於同一應用內的模組被分散到了不同節點中，這些模組間的呼叫變為了跨節點的網路呼叫。這使得分散式系統內部網路呼叫的頻率大大增加。

當遺失請求狀態時，最常見的辦法是重新發送請求，但這要求被呼叫的介面滿足冪等性，否則可能會使被呼叫系統的狀態發生混亂。

並非所有的介面都滿足冪等性。將非冪等介面改造為冪等介面的過程，就是介面冪等化。

為實現介面的冪等化，我們借助代數、函數等數學知識，詳細推導了函數冪等的數學問題。借助數學工具找到了函數單位元化、函數零因子化、運算冪等化三種實現複合函數冪等化的想法。

然後，我們將理論知識推演到軟體開發領域，找出了四類常見的冪等介面。

- 查詢介面。
- 一次性介面。
- 設定值介面。
- 刪除介面。

還推導出了介面冪等化的專案方案，如下所示。

- 轉為設定值介面：將非冪等介面拆分為多個設定值介面的組合。該方案可用於狀態流轉類別介面的冪等化改造。
- 判斷插入資料：判斷要插入的資料是否存在，進而決定是否插入資料。該方案可用於插入介面的冪等化改造。
- 判斷資料版本：判斷要更新資料的版本編號，進而決定是否更新資料。該方案可用於編輯介面的冪等化改造。
- 攔截重試呼叫：判斷要執行的請求是否已經被成功執行過，進而決定是否攔截該請求。該方案可用於任意介面的冪等化改造。

9.9 本章小結

本章主要討論冪等介面的相關問題，是一個相對獨立的章節。但同時，介面的冪等化也是實現其他章節功能的基礎。

在本章中，我們先簡介了冪等介面的概念。

然後，我們從冪等概念的數學本源出發，介紹了代數系統、函數等數學概念。在代數系統中，我們學習了單位元、零因子、冪等的概念。在函數中，我們學習了函數的定義、複合函數的定義。

在此基礎上，我們採用數學工具討論複合函數的冪等化問題，發現實現複合函數冪等化的方法有以下幾種：函數的單位元化、函數的零因子化、運算的冪等化。

以上述複合函數冪等化知識為理論基礎,我們回歸到軟體開發領域,討論了介面冪等化的方法。具體方法有:介面的單位元化、介面的零因子化、呼叫的冪等化,並列出了具體的實踐方案。

可見,數學知識在本章中造成了重要的影響。用理論指導實踐,這是本章在教會大家介面冪等化方法的同時想要告訴大家的。

Part 3

專案篇

分散式中介軟體概述

分散式系統的出現使原本需要在昂貴大型主機和複雜單體應用內實現的功能，可以透過廉價小型主機和簡單服務組成分散式系統來實現，降低了硬體的成本，也分散了軟體的複雜度。

但是，分散式系統的出現也帶來了許多新的問題，包括理論層面的問題，也包括實踐層面的問題。理論層面的問題包括一致性問題、共識問題、分散式約束問題等；實踐層面的問題包括冪等性、分散式鎖、分散式交易、服務發現與呼叫、服務保護與閘道等。以上這些問題我們在前面的章節中均一一進行了介紹。

理論層面的學習讓我們對實現原理進行了詳細的了解，實踐層面的學習讓我們對實施過程進行了細緻的掌握。然而在專案開發中，我們往往不會自行從理論到實踐建構一套分散式系統，這樣的實施成本太高，架設出的系統的可靠性也往往較差。

在分散式系統的專案開發中，考慮到成本、可靠性等方面的因素，我們會引入一些非業務元件來解決上述理論層面和實踐層面的問題。這些元件被稱為分散式中介軟體，它們獨立於業務系統，為業務系統的執行提供支援。

經過前面各個章節的學習，我們知道分散式系統需要的服務有很多，典型的服務如下。

- 分散式一致性服務：提供一致性演算法的支援，實現分散式系統內線性一致性、順序一致性、最終一致性等常見一致性操作。

- 共識服務：封裝共識演算法，對分散式系統內共識操作的實現提供支援。

- 冪等服務：如冪等服務中心，為分散式系統提供將非冪等介面轉化為冪等介面的功能。

- 分散式鎖服務：為分散式系統提供各種類型的分散式鎖。

- 訊息系統服務：為分散式系統提供訊息的接收、暫存、分發等功能。舉例來說，使用非同步訊息中心機制完成分散式交易時，就需要這樣的服務。

- 分散式交易服務：為分散式系統提供分散式交易支援，如提供 TCC 操作支援。

- 服務發現服務：為分散式系統提供服務註冊、判活、發現等功能。

- 遠端程式呼叫服務：為分散式系統提供遠端程式呼叫功能。

- 服務保護服務：為分散式系統中的服務提供隔離、限流、降級、熔斷、恢復等功能。

- 閘道服務：為分散式系統提供閘道功能。

以以上需求為基礎，產生了許多的分散式中介軟體。

上面這些服務的功能並不是完全獨立和並列的，而是交織糅合的。舉例來說，要實現分散式一致性服務，必然要先實現共識服務；再舉例來說，只要實現了分散式一致性服務，以線性一致性為基礎便可以方便地實現分散式鎖。

因此，在工程領域，並不是獨立地出現了滿足單一功能的中介軟體，而是出現了幾類中介軟體，每類中介軟體都可能會滿足以上一項或多項功能。

目前，常用的分散式中介軟體有以下幾種。

- 分散式協調中介軟體：主要提供共識服務、分散式一致性服務，基於這些服務還可以實現分散式鎖服務、服務發現服務。典型分散式協調中介軟體有 ZooKeeper。

- 服務治理中介軟體：主要提供服務發現服務、遠端程式呼叫服務，甚至可以包含服務保護服務、閘道服務，同時還會整合一些服務介面管理、呼叫統計等功能。典型的服務治理中介軟體有 Dubbo、Eureka。

- 訊息系統中介軟體:主要提供訊息服務,包括訊息的接收、暫存、分發等功能,並支援分發過程中的重試、回應等。典型的訊息系統中介軟體有 RabbitMQ、Flume。

- 分散式快取中介軟體:為分散式系統提供高速的快取服務,通常這類中介軟體也支援分散式部署,其自身也是一個分散式系統。典型的分散式快取中介軟體有 Redis、Etcd 等。

- 分散式儲存中介軟體:為分散式系統提供巨量資料的持久化服務,通常這類中介軟體需要資料庫叢集的支援以完成資料的實際儲存。典型的分散式儲存中介軟體有 MyCat。

以元件為基礎的架構風格是軟體架構設計中經常採用的一種風格,在這種架構風格的指導下,我們可以使用以上成熟元件建構出所需要的分散式系統。這樣,能夠讓建構出的系統在成本、可靠性、擴充性、可維護性等各維度有良好的表現。

上述中介軟體中,有一些的實現相對簡單或已經在前面的章節中介紹。舉例來説,在 7.3.3 節,已經對服務治理中介軟體的核心原理進行了介紹。

接下來,我們分章節介紹兩個比較重要且常用的分散式中介軟體:訊息系統中介軟體 RabbitMQ、分散式協調中介軟體 ZooKeeper。

RabbitMQ 詳解

本章主要內容

▶ RabbitMQ 的內部結構與實現原理
▶ RabbitMQ 的功能特點與使用方法
▶ RabbitMQ 的應用舉例

訊息系統是一類常見的分散式中介軟體，RabbitMQ 就是一個典型的訊息系統。

本章將詳細介紹 RabbitMQ，包括其模型、元件、附加功能、使用範例等。

閱讀本章後，你將掌握 RabbitMQ 的實現原理和使用方法。本章內容可以作為使用 RabbitMQ 時的參考資料。

11.1　訊息系統概述

訊息系統是一個具備訊息接收、暫存、分發等功能的系統,與其對接的外部系統主要包括訊息的生產者和消費者。

11.1.1　訊息系統模型

訊息系統內部可以分為接收、暫存、分發三個模組。訊息系統的工作模型如圖 11.1 所示。

圖 11.1　訊息系統的工作模型

在圖 11.1 所示的工作模型中,生產者負責生產訊息,並將訊息推送到訊息系統的接收模組。接收模組收到訊息後,會將訊息快取到暫存模組中。之後,分發模組會將暫存模組中的訊息按照一定規則分發給消費者。

接收模組比較簡單,提供一個訊息的入口供生產者進行訊息投遞即可。這個入口可以全域只有一個,也可以為每個生產者各分配一個,還可以為每種訊息類型各分配一個。

暫存模組負責暫存訊息,該模組可以將訊息存放到記憶體中,以確保較高的吞吐量;該模組也可以將訊息存放到硬碟中,以防意外當機導致訊息遺失；該模組還可以同時使用記憶體和硬碟，以保證吞吐量和持久化的平衡。

分發模組負責訊息的分發。訊息的分發主要有以下兩種方式。

- 拉取式：消費者主動從訊息系統拉取訊息。
- 推送式：訊息系統給消費者推送訊息。

訊息系統的分發模組可能還會支援其他功能。舉例來說，訊息確認功能，即訊息系統在接到消費者回應的確認資訊後，才會將對應的訊息刪除，這可以避免訊息的遺失；又如，一個一個派發功能，即訊息系統只有在接到消費者對上一筆訊息的消費回應後，才會向該消費者發送下一筆訊息，這避免了訊息在消費者處的堆積。

最終，接收模組、暫存模組、分發模組串聯到一起，組成了完整的訊息系統。

在訊息系統領域存在一個比較公認的協定——AMQP（Advanced Message Queuing Protocol，進階訊息佇列協定）。AMQP 為訊息系統定義了一套完整的模型和規範，包括 Exchange、Queue 等元件，以及這些元件之間的連接方式。許多訊息系統都是遵循 AMQP 設計的。

11.1.2 訊息系統的應用

以訊息系統為基礎可以實現兩種常見的訊息分發模型。

- 點對點模型：訊息生產者將訊息發送到佇列中，消費者從佇列中取出訊息進行消費。一個訊息被消費者消費後便直接從佇列中刪除。在這種模型中，一個訊息只會被一個消費者接收。

- 發佈訂閱模型：訊息生產者將訊息發送到主題中，每個消費者都可以訂閱自己感興趣的多個主題。訊息進入主題後，所有訂閱該主題的消費者都會收到該訊息。這種模型中，一個訊息可能會被多個消費者接收。

以上述兩種工作模型為基礎，訊息系統可以演化出許多常用的功能。

- 資料歸類：多個訊息生產者產生的不同訊息可以按照訊息類型等進行分類收集，進而分類分發，這實現了資料的歸類功能。

- 可靠投遞：訊息系統往往具有投遞重試功能，只有消費者將訊息成功消費後，訊息系統才會刪除訊息；不然訊息系統會不斷嘗試投遞該訊息。這使訊息生產者只要將訊息發送給訊息系統，就能保證該訊息最終會被消費。

- 非同步處理：訊息生產者將訊息發送給訊息系統後便可以返回，而訊息系統則先將訊息快取，然後在合適的時機將其分發給消費者。這樣便實現了訊息投遞和訊息消費的非同步化。

- 業務解耦：訊息生產者不需要關心消費者的具體位址，只需要將訊息發送給訊息系統即可；而訊息消費者也不需要關心訊息生產者的具體位址，只需要從訊息系統獲取訊息即可。透過訊息系統，實現了訊息生產者和訊息消費者的解耦。

- 事件驅動：以發佈訂閱模型為基礎，一個訊息可以被多個消費者接收。以此為鑑，可以實現事件驅動的架構風格，事件的發起方將對應的訊息發出，而事件的接收方可根據訊息回應事件。

上述功能中，有的功能更注重系統的靈活性，如事件驅動功能需要系統具有豐富的發佈訂閱模型，其對系統的吞吐量要求不高；有的功能更注重系統的吞吐量，如數據歸類功能需要訊息系統具有較高的吞吐量以支援大量資料的整理，其對系統的靈活性要求不高。

正因為以上兩種需求的側重點不同，分化出了不同的訊息系統。RabbitMQ 和 Kafka 便是兩個代表。

RabbitMQ 是一種靈活的訊息系統，它支援多種訊息傳遞方式、訊息分發模型等，但是其吞吐量並不高，適合用來進行通知、請求等輕量級訊息的分發。Kafka 是一種高吞吐量的訊息系統，損失了靈活性但具有極高的吞吐量，通常用來操作日誌、檔案等重量級資訊的收集傳輸。

接下來，我們將以 RabbitMQ 為例介紹訊息系統的原理和使用方法。Kafka 的原理和使用方法則更為簡單，只要掌握了 RabbitMQ 之後便可以快速上手，因此我們不再單獨介紹。

11.2 RabbitMQ 概述

RabbitMQ 遵循了 AMQP 協定，是 AMQP 協定的良好專案實踐。

RabbitMQ 的結構非常清晰，內部定義了 Exchange、Queue 兩大元件。這兩大元件依次連接起來便組成了整個系統。訊息（也可以看作一種元件）則可以在這個系統中傳遞流轉。

圖 11.2 所示為 RabbitMQ 的整體結構。

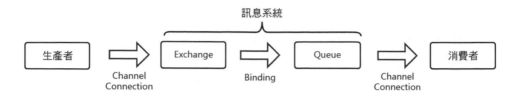

圖 11.2 RabbitMQ 的整體結構

此外，RabbitMQ 自身也支持分散式部署。

11.3 RabbitMQ 的元件

在這一節中，我們將對 RabbitMQ 的元件介紹。了解清楚這些元件對於掌握 RabbitMQ 的工作原理和使用方法十分重要。

11.3.1 Exchange

Exchange 是訊息的接收模組，負責接收生產者發來的訊息或另一個 Exchange 列出的訊息。

Exchange 主要有以下屬性。

- name：Exchange 的名字。
- type：Exchange 的類型，具體包括 direct、fanout、topic 三種類型。類型決定了 Exchange 中訊息的路由方式。
- durable：持久化屬性。如果是持久化的，當訊息系統當機重新啟動後，會自動恢復該 Exchange。

- autoDelete：是否自動刪除。如果為 true，則最後一個 Queue 或 Exchange 與它解綁時，它會被自動刪除。
- internal：是否為內建的。如果為 true，則該 Exchange 不能接收生產者的訊息，只能接收其他 Exchange 傳來的訊息。
- arguments：一些其他參數，如在這裡可以設定該 Exchange 的備選 Exchange。

11.3.2 Queue

Queue 是訊息的儲存佇列，是訊息系統的暫存模組和分發模組。它主要有以下屬性。

- name：佇列的名稱。
- durable：持久化屬性。如果是持久化的，當訊息系統當機重新啟動後，會自動恢復該 Queue。
- exclusive：獨佔屬性。如果一個 Queue 是獨佔的，則只有建立它的 Connection 可以使用它。
- autoDelete：是否自動刪除。如果為 true，則最後一個消費者與它解綁時，它會被自動刪除。
- arguments：一些其他參數，如在這裡可以對訊息的 TTL、佇列的長度等進行設定。

11.3.3 Message

RabbitMQ 中的訊息被定義為 Message，本身也可以看作一個元件。它在訊息系統中被接收、傳遞、列出，它的主要屬性如下。

- deliveryMode：分發模式。可以選擇持久化的或非持久化的。如果是持久化的，則系統當機後訊息不會遺失。
- headers：訊息標頭。在這裡可以以鍵值對的形式自由地設定許多標頭資訊。
- properties：訊息的其他屬性。在這裡可以以鍵值對的形式設定訊息的屬性，可以設定的屬性有 contentType、contentEncoding、replyTo、correlationId 等。
- payload：訊息的正文內容。

11.4 RabbitMQ 的連接

元件定義清楚後，便可以將這些元件連接起來組成一個完整的訊息系統。在這一章中，我們將介紹各個元件之間的連接。

11.4.1 生產者與 Exchange

生產者產出訊息後，要將訊息投遞給 RabbitMQ，RabbitMQ 中負責接收訊息的便是 Exchange 元件。

在投遞前，生產者需要先和 RabbitMQ 建立連接，這個連接是一個 TCP 連接，被稱為 Connection。

建立 Connection 後，生產者和 RabbitMQ 可以在 Connection 的基礎上建立多個 Channel。Channel 是虛擬連接，不同的 Channel 之間是完全隔離的。舉例來說，我們使用多執行緒操作 RabbitMQ 時，就建議每個執行

緒持有一個單獨的 Channel，進而實現各執行緒操作的隔離。Channel 的
引入使 Connection 可以重複使用，提高了 Connection 的使用率。

RabbitMQ 的 Channel 提供了許多方法，不僅有讓生產者投遞訊息的方
法，還有建立 Exchange、建立 Queue、在 Queue 和消費者之間建立連接
的方法等。因此，Channel 是用戶端與 RabbitMQ 交流的橋樑。

我們可以用圖 11.3 表示生產者與 Exchange 之間的連接，一個
Connection 內建立了多個 Channel。

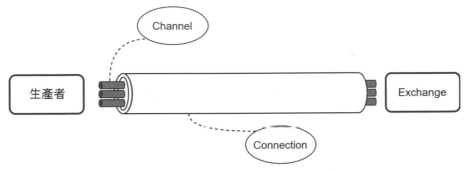

圖 11.3　生產者與 Exchange 之間的連接

透過 Channel，生產者可以向 RabbitMQ 投遞訊息，每筆訊息只能投遞
給固定的 Exchange。下面展示了 Channel 提供的生產者向 Exchange 投
遞訊息的方法：

```
void basicPublish(String exchange, String routingKey, BasicProperties
props, byte[] body) throws IOException;
```

其中，exchange 參數為要投遞到的 Exchange 的名稱；routingKey 與後
續的訊息分發有關，會在接下來介紹；props 為訊息的屬性；body 為訊
息的正文。

需要注意的是，RabbitMQ 中的訊息暫存模組是 Queue。這表示，如果我們向 RabbitMQ 投遞了訊息，而又沒有對應的 Queue 來暫存該訊息，則該訊息會遺失。因此，投遞某類訊息時，需要先確保暫存這類訊息的 Queue 是存在的，否則就需要先建立一個對應的 Queue。

所以，通常生產者與 RabbitMQ 建立連接並初次投遞訊息的流程如下所示。

（1）建立 ConnectionFactory，並設定連接資訊。

（2）透過 ConnectionFactory 生成 Connection。

（3）在 Connection 中建立 Channel。

（4）透過 Channel 驗證指定的 Exchange 是否存在，不存在則建立該 Exchange。

（5）透過 Channel 驗證訊息對應的 Queue 是否存在，不存在則建立對應的 Queue，並與指定的 Exchange 建立連接。

（6）向指定的 Exchange 投遞訊息。

11.4.2 Exchange 與 Queue

生產者將訊息投遞到了 Exchange，而暫存訊息的模組是 Queue。接下來，我們探討訊息是怎麼從 Exchange 到達 Queue 的。

要想讓訊息從 Exchange 到達 Queue，需要先在兩者之間建立連接。Exchange 和 Queue 之間的連接為 Binding。宣告一個 Binding 需要以下三個參數。

- source：連接的源頭，為 Exchange 的名稱。

■ destination：連接的目的地，如果要在 Exchange 和 Queue 之間建立
連接，則為 Queue 的名稱。Binding 也支持在 Exchange 之間建立連
接，此時則為 Exchange 的名稱。

■ bindingKey：該 Binding 的鍵，與訊息分發路由有關。

如果一個 Exchange 沒有和某個 Queue 建立 Binding，則訊息一定不會從
該 Exchange 轉發到這個 Queue。但是建立 Binding 之後，訊息也並不一
定會轉發過去，而是會按照一定的路由規則進行轉發。

Exchange 將訊息轉發到 Queue 的方式十分靈活，這也是 RabbitMQ 的強
大之處。其轉發方式由每個 Exchange 的 Type 決定。Exchange 的每種
Type 和對應的轉發規則如下所示。

■ direct：全比對策略。Exchange 會將訊息的 routingKey（由 basicPublish
方法中 routingKey 參數指定）與 Binding 的 bindingKey 進行比較，
如果兩者完全一致，則將訊息轉發給該 Binding 對應的 destination。

■ fanout：扇出策略。Exchange 會將訊息轉發給以它作為 source 的所有
Binding 的 destination。

■ topic：主題策略。Exchange 會將訊息的 routingKey 與 Binding 的
bindingKey 比對，如果比對成功，則將訊息轉發給該 Binding 對應的
destination。比對過程中支持正規標記法。

■ headers：標頭比對策略。這也是一種全比對策略，與 direct 策略不同
的是，其比對的是訊息的 headers 與 Binding 的 bindingKey。這種方
式需要解析訊息的 headers 資訊，工作效率較低，因此並不常用。

Binding 不僅可以連接 Exchange 和 Queue，也可以連接 Exchange 和 Exchange。進而讓一個 Exchange 分發訊息給另一個 Exchange，實現 Exchange 的串聯。在這種情況下，後面的 Exchange 往往被設定為內建 的，即只允許接收其他 Exchange 發來的訊息，不允許直接接收生產者 發來的訊息。

11.4.3 Queue 與消費者

Queue 是訊息系統的暫存模組，也是分發模組，它負責將訊息分發給消 費者。所以，Queue 與消費者之間存在連接。

消費者連接到 RabbitMQ 時，實際是連接到某個 Queue 上。這表示，消 費者連接 RabbitMQ 時，對應的 Queue 必須存在。因此，如果不存在則 需要消費者建立一個 Queue。

這時我們發現，無論是生產者還是消費者，都可以建立 Queue。

- 生產者建立 Queue 是因為 Queue 是暫存模組，只有 Queue 存在，才 能保存生產者列出的訊息。
- 消費者建立 Queue 是因為 Queue 是分發模組，只有 Queue 存在，消 費者才能與之建立連接。

消費者連接到 RabbitMQ 上的流程和生產者一樣，先建立 Connection， 然後在 Connection 中建立 Channel。透過 Channel 就可以建立一個和 Queue 的連接。

消費者與 Queue 建立連接之後，有兩種方式獲取 Queue 中暫存的訊息。

- 推送式：消費者透過 basicConsume 命令，訂閱某一個 Queue 中的訊息。Queue 中如果存在訊息，則會推送給消費者。

- 拉取式：消費者透過 basicGet 命令，主動拉取 Queue 中的一筆訊息。該操作效率相比較較低，要慎重使用。因為其具體執行邏輯為先訂閱佇列，並在取得第一筆訊息後再取消訂閱。

basicConsume 方法如下：

```
String basicConsume(String queue, Consumer callback) throws IOException;
```

basicGet 方法如下：

```
GetResponse basicGet(String queue, boolean autoAck) throws IOException;
```

參數 queue 指明了要連接的 Queue 的名稱，callback 指明了對應的消費者，autoAck 用於設定是否自動回應訊息。

如果一個 Queue 連接了多個消費者，則 Queue 會將其暫存的訊息依次分配給這些消費者。整個過程中，Queue 認為所有的消費者都是等值的，一筆訊息只會發送給一個消費者，而非多個消費者。

11.5 附加功能

除了能夠完成最基本的訊息接收、暫存、分發功能，RabbitMQ 還提供許多附加功能供我們選擇。這些附加功能大大地拓展了 RabbitMQ 的應用場景。

接下來，我們介紹常見的附加功能。

11.5.1 投遞確認功能

生產者向 RabbitMQ 投遞訊息時，存在遺失訊息的可能性。對此，RabbitMQ 設定有投遞確認功能。

啟用投遞確認功能後，RabbitMQ 將在接收到訊息後向生產者發送確認訊息。這樣，生產者可以得知訊息的投遞情況，並據此開展回覆等操作。

舉例來說，在下面的程式中，我們先開啟了投遞確認功能，然後投遞了一筆訊息，接下來便可以等待 RabbitMQ 確認投遞訊息。

```
// 開啟訊息確認
channel.confirmSelect();
// 發送訊息
channel.basicPublish(exchange, "", null, message.getBytes("UTF-8"));
// 等待確認訊息。如果訊息遺失，waitForConfirms方法就會拋出例外
if (channel.waitForConfirms()) {
System.out.println("訊息發送成功" );
}
```

上述程式展示的是針對單次投遞的、同步的訊息確認。此外，投遞確認功能還支援批次的訊息確認和非同步的訊息確認。

11.5.2 持久化功能

RabbitMQ 可能會在執行過程中崩潰，RabbitMQ 支援持久化設定，以便在重新啟動系統後恢復相關元件、訊息。

Exchange、Queue 元件存在 durable 屬性，如果設定為 false，則系統停止後這些元件將遺失；如果設定為 true，則系統停止後再重新啟動，這些元件將恢復。

要注意的是，Queue 元件被設定為持久的，不代表其中的訊息不會遺失。如果想要訊息不遺失，則還需要將 Message 的 deliveryMode 屬性設定為持久的。

因此，要想確保 Message 不遺失，需要滿足兩個條件：一是儲存該 Message 的 Queue 是持久的；二是 Message 本身是持久的。

11.5.3 消費確認功能

RabbitMQ 中的 Queue 將訊息發送給消費者後，消費者可能在剛接收到訊息但尚未展開處理的時候當機。這樣這筆訊息便無法最終生效，即遺失了。

為避免上述情況的發生，RabbitMQ 設定了消費確認功能。一筆訊息從 Queue 發送到消費者後，只有收到消費者的回應，才認為該訊息被正常消費，否則 RabbitMQ 不會刪除 Queue 中的該訊息，而是會找機會再次發送。

投遞確認功能、持久化功能、消費確認功能，以上三者共同保證了訊息不會在 RabbitMQ 的流轉過程中遺失，保證了訊息傳遞的可靠性。

11.5.4 逐筆派發功能

Queue 中的訊息會被推送給消費者，當推送過快時，消費者可能來不及處理，進而造成訊息擁堵。為解決此問題，RabbitMQ 支持逐筆派發。

啟用逐筆派發功能後，RabbitMQ 只有在收到消費者列出的前一個 Message 的消費確認回應後，才會向其派發第二個 Message。這樣，可以保證消費者每次只需要處理一筆 Message。

逐筆派發功能也可以設定為 n 筆，即當消費者持有的未回應訊息數目小於 n 時，RabbitMQ 會繼續派發新的訊息給消費者；當消費者中持有的未回應訊息數目達到 n 時，RabbitMQ 便停止派發新訊息。

11.5.5 RPC 功能

大部分的情況下，透過訊息系統進行的訊息流轉是一個單向的過程，如圖 11.4 所示。訊息總是從生產者經過訊息系統流向消費者的。

圖 11.4　單向的訊息流動

在有些場景下，生產者希望獲得訊息被消費後列出的結果。這樣，訊息的流轉過程有了迴路，如圖 11.5 所示。

圖 11.5　RPC 式的訊息流動

在這種場景下，生產者可以以訊息系統為基礎遠端呼叫消費者，從而實現了 RPC 功能。

RabbitMQ 支持圖 11.5 所示的訊息流轉方式。具體實現上，生產者需要在發出訊息的 replyTo 屬性中註明消費者回應訊息的 Queue 名稱。消費者將訊息消費完成後，要將消費結果投遞到該 Queue 中，然後生產者便可以從該 Queue 中取到回應結果。

生產者可能會向消費者發送多筆訊息，然後收到多筆回應。因此，生產者需要建立回應和訊息的一一對應關係。有兩種方式可以幫助生產者建立這種對應關係：

第一種方式是為每一筆回應建立一個 Queue，即不同訊息的 replyTo 是不同的。生產者訂閱該訊息對應的 Queue 後，一定只會拿到唯一的回應。這種方式需要為每個回應建立一個 Queue，比較影響效率。

第二種方式是為每個生產者節點建立一個 Queue，然後為不同的訊息設定不同的 correlationId 值，該 correlationId 值也會出現在回應中。生產者從 Queue 中取到回應後，根據回應中攜帶的 correlationId 區分該回應對應了哪一筆訊息。

以 RabbitMQ 為基礎的 RPC 功能，我們可以方便地實現非同步 RPC 操作，並且由於 RabbitMQ 的存在，服務的發起方與呼叫方完全解耦。

11.6 模型與應用

在專案中，點對點模型和發佈訂閱模型都是常用的模型。接下來，我們將介紹如何使用 RabbitMQ 組建這兩種模型，並各自介紹一個典型的應用場景。

11.6.1 點對點模型

在點對點模型中,「點」可以指一個應用節點,即從一個應用節點向另一個應用節點推送訊息;「點」也可以視為應用叢集,即從一個應用叢集向另一個應用叢集推送訊息。在後者中,一筆訊息將被目標叢集中的某一個應用節點接收到。

圖 11.6 所示為點對點模型範例,圖中生產者發出的訊息會根據 routingKey 路由到 Queue_A 或 Queue_B 中暫存。之後,Queue_A 中的訊息會被推送給消費者 A 或消費者 B 中的一個,Queue_B 中的訊息會被推送給消費者 C。

假設圖 11.6 中的生產者是訂單應用中的節點,消費者 A、B 是庫存應用中的兩個節點,消費者 C 是優惠券應用中的節點。基於圖 11.6,訂單應用可以根據需要給庫存應用或優惠券應用推送非同步訊息,進而展開叢集之間的協作。

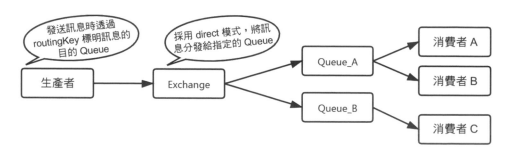

圖 11.6 點對點模型範例

11.6.2 發佈訂閱模型

以發佈訂閱模型為基礎可以實現廣播操作。生產者將訊息發送到某個主題中，凡是對該主題感興趣的消費者都可以訂閱主題，凡是訂閱了某主題的消費者都可以收到主題中的所有訊息。

在發佈訂閱模型中，Queue 往往和消費者一一對應，然後綁定到 fanout 模式的 Exchange 上。Exchange 就作為主題存在。

圖 11.7 所示為發佈訂閱模型範例，圖中消費者 A 關注了 Exchange_A 主題，消費者 B 關注了 Exchange_A 和 Exchange_B 兩個主題。生產者將訊息投遞到 Exchange_A 主題後，消費者 A、B 都會收到該訊息；生產者將訊息投遞到 Exchange_B 主題後，消費者 B、C、D 都會收到該訊息。

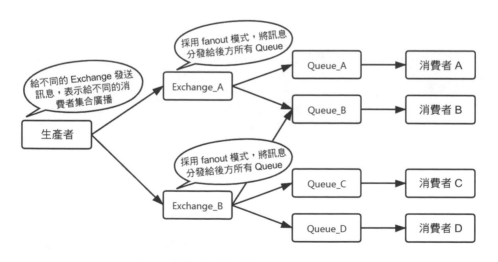

圖 11.7 發佈訂閱模型範例

發佈訂閱模型也十分常用。舉例來説,生產者可以是後端系統,消費者可以是瀏覽器標籤頁(前端 Web 頁面可以作為消費者直接連接 RabbitMQ),主題按照頁面元素劃分(如股市狀態顯示元素、新聞清單顯示元素、廣播通知顯示元素等)。

瀏覽器打開網站標籤頁後,便在訊息系統中建立該標籤頁對應的 Queue,並根據標籤頁中顯示的元素去訂閱對應的主題。Queue 設定為 autoDelete,當瀏覽器標籤頁關閉時它會被自動刪除。

後端系統發生狀態變更後,給該變更影響的所有頁面元素主題投遞訊息。

這樣,後端系統的狀態變更會透過訊息系統分發到瀏覽器的標籤頁上,瀏覽器標籤頁便可以跟隨後端系統的狀態進行變更。這種前後端聯動方式不需要前端的頻繁輪詢,提升了回應速度的同時降低了對系統 I/O 的消耗。

以這種方式為基礎,後端也可以給指定的標籤頁推送訊息,或向所有的標籤頁廣播訊息。

11.7 本章小結

訊息系統是分散式系統中一類常見的中介軟體,其能夠實現訊息的接收、暫存、分發,並支持分發過程中的重試、回覆等設定。以訊息系統為基礎,我們可以方便地實現服務之間的解耦、非同步通訊等。

本章首先介紹了訊息系統的模型，不僅幫助大家從概念上了解訊息系統的各個組成部分，還介紹了訊息系統的主要應用場景。

然後，我們對常見的訊息系統 RabbitMQ 進行了詳細的介紹，包括 RabbitMQ 的三大元件：Exchange、Queue、Message，以及各個元件之間的連接。

接下來，我們介紹了 RabbitMQ 的附加功能，包括其投遞確認功能、持久化功能、消費確認功能、逐筆派發功能、RPC 功能。

最後，我們介紹了如何用 RabbitMQ 實現點對點模型和發佈訂閱模型，並列出了相關的應用實例。

作為一個基礎服務，訊息系統在分散式系統中十分重要。分散式系統中的許多功能都是在訊息系統的協助下開展的。

ZooKeeper 詳解

▶ ZooKeeper 的內部模型與實現原理
▶ ZooKeeper 的功能特點與使用方法
▶ ZooKeeper 的應用舉例

ZooKeeper 是一個以 Java 開發為基礎的支援叢集擴充的分散式協調系統。ZooKeeper 能夠將分散式系統最核心的分散式一致性問題轉移到自身內部解決,進而降低分散式系統的實現難度。ZooKeeper 十分通用,分散式系統可以基於它實現節點命名、服務發現、應用設定、分散式鎖等功能。

ZooKeeper 的資料模型是一棵樹，樹上的節點被稱為 znode。每個 znode 既可以掛載子節點又可以儲存資料。針對 ZooKeeper 的相關操作都以這棵樹為基礎開展，既便於了解又便於使用。

接下來，我們會介紹 ZooKeeper 的使用方法、資料模型、互動式用戶端、監聽器等知識，然後在此基礎上剖析 ZooKeeper 叢集的實現原理，並介紹 ZooKeeper 的典型使用場景。

本章內容也可以作為讀者使用 ZooKeeper 時的參考資料。

12.1 單機設定與啟動

單機安裝 ZooKeeper 十分簡單，只要下載安裝套件後簡單設定便可啟動。

ZooKeeper 的安裝套件可以從官網下載，將安裝套件下載到本地後，再將其解壓，得到圖 12.1 所示的檔案結構。

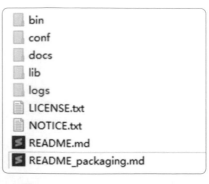

圖 12.1 ZooKeeper 安裝檔案

12.1.1 執行設定

首先，要為 ZooKeeper 建立一個資料儲存資料夾，如在 ZooKeeper 的安裝目錄下建立 data 資料夾。

然後，在 ZooKeeper 安裝目錄的 conf 資料夾下找到設定範例檔案 zoo_sample.cfg，將其複製一份命名為 zoo.cfg，作為 ZooKeeper 的設定檔。接下來，將 zoo.cfg 中的 dataDir 位址修改為 data 資料夾的位址。

ZooKeeper 設定檔中常用設定項目及其含義如下。

- tickTime：每個滴答對應的毫秒數。滴答是 ZooKeeper 的時間單位，ZooKeeper 使用滴答來衡量 ZooKeeper 各個伺服器之間、ZooKeeper 伺服器與用戶端之間的通訊時間間隔。舉例來説，我們可以設定用戶端 session 的逾時時間是幾個滴答，當 ZooKeeper 伺服器未收到用戶端的心跳長達這個時間後，會判定用戶端離線。

- initLimit：新 ZooKeeper 伺服器加入 ZooKeeper 叢集後，其初始同步階段允許花費的時間，單位為滴答。

- syncLimit：ZooKeeper 伺服器叢集中的從伺服器和主要伺服器之間的心跳時間，單位為滴答。

- dataDir：執行資料的儲存目錄。

- clientPort：ZooKeeper 啟動後供用戶端連接的通訊埠。

- maxClientCnxns：每個 ZooKeeper 伺服器可以連接的用戶端數目的最大值。

- autopurge.snapRetainCount：在 dataDir 中可以儲存的快照數目。

- autopurge.purgeInterval：ZooKeeper 自動清理策略的執行時間間隔。

舉例來說，下面是一份單機啟動的設定範例。

```
tickTime=2000
initLimit=10
syncLimit=5
dataDir=D:/Program/apache-zookeeper-3.5.7-bin/data
clientPort=2181
```

12.1.2 啟動

ZooKeeper 是以 Java 開發為基礎的，啟動 ZooKeeper 的過程就是一個設定各種環境變數並啟動 jar 套件的過程。因此，啟動 ZooKeeper 前需要先安裝 Java。

安裝 Java 後，便可以在 Windows 或 Linux 環境下啟動 ZooKeeper 服務。透過下面的方式以單機形式啟動 ZooKeeper。

- 在 Windows 系統中，直接雙擊執行 bin 目錄下的 zkServer.cmd 檔案。
- 在 Linux 系 統 中，使 用 命 令 "./zkServer.sh start" 執 行 bin 目 錄 下 的 zkServer.sh 檔案。

啟動成功後，可以看到圖 12.2 所示的 Zookeeper 執行介面。

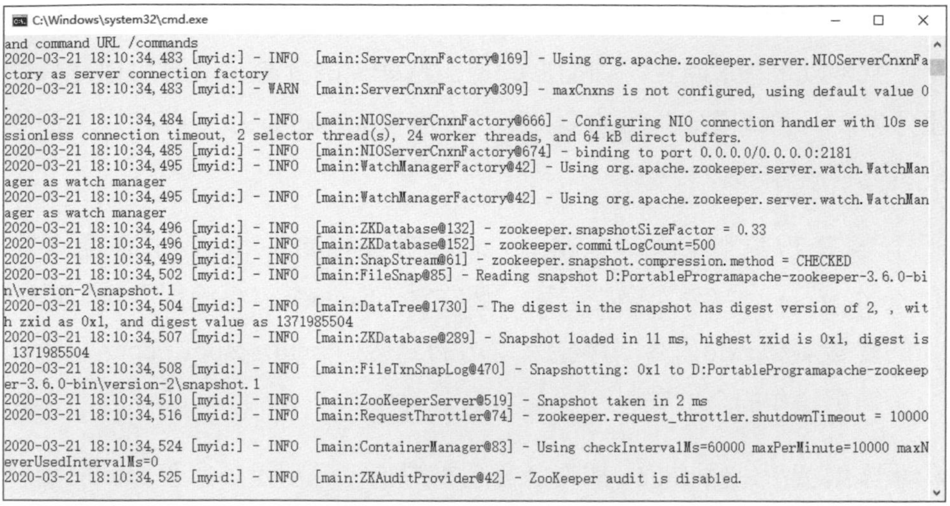

圖 12.2 ZooKeeper 執行介面

12.2 資料模型

了解 ZooKeeper 的資料模型，對於掌握 ZooKeeper 的使用和原理都非常重要。在本章中，我們將對 ZooKeeper 的資料模型介紹。

在學習 ZooKeeper 的資料模型時，我們可以直接使用互動式命令來操作這一模型，以便於加深對模型的了解。關於互動式命令相關的內容我們會在 12.3 節介紹，必要時可以提前查詢相關命令的含義與使用方法。

12.2.1 時間語義

使用 ZooKeeper 時，會包括多種時間語義。在進一步了解 ZooKeeper 的原理之前，我們有必要釐清這些語義。

在資訊系統中，時間是一個廣義的概念，它不僅可以是以秒計算的時間，還可以是基準時鐘（如晶振的振盪週期）的計數，甚至可以是只能區分先後、不能區分長短的事件順序。在 ZooKeeper 中，存在以下四種時間語義。

- 全域變數編號 zxid：ZooKeeper 的樹結構或資料發生變更時，ZooKeeper 會為每次變更分配一個在 ZooKeeper 叢集範圍內全域唯一的變數編號 zxid，這一序號是遞增的。透過 zxid，ZooKeeper 可以保證變更操作的全域有序。

- 版本編號：每個 znode 都有多個版本編號，分別是對應著 znode 資料版本的 dataVersion、對應著子 znode 版本的 cversion、對應著 ACL（Access Control Lists，存取控制清單）版本的 aclVersion。當 znode 發生變動時，對應的版本編號會增加。舉例來說，當某個 znode 增加一個子 znode 時，其 cversion 會加一。

- 滴答：指 ZooKeeper 中定義 ZooKeeper 伺服器間、ZooKeeper 伺服器與用戶端間互動的時間單位。狀態同步、階段逾時等操作都以滴答作為時間基準。

- 時間戳記：在 znode 建立和修改時，ZooKeeper 會在 znode 的狀態中儲存對應的時間戳記，這一時間戳對應的是機器的時間。

以以上四種時間語義為基礎，ZooKeeper 可以實現全域事件順序、版本變更、多伺服器協作等方面的時間管理。

12.2.2 樹狀模型

ZooKeeper 的資料模型與標準檔案系統十分類似，都是一個樹狀結構。不過 ZooKeeper 樹中的節點不區分目錄和檔案，每個節點都兼顧目錄和檔案的功能，稱為 znode。在 znode 中，可以存放資料，也可以包含子znode。

ZooKeeper 的資料結構如圖 12.3 所示。

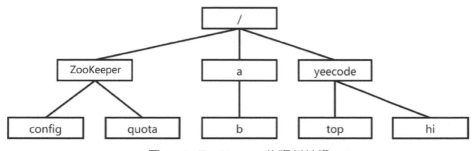

圖 12.3 ZooKeeper 的資料結構

在 ZooKeeper 中，用斜線 "/" 作為 znode 路徑的分隔符號。在圖 12.3 中，存在 "/a/b"、"/yeecode/top" 等 znode。

在 znode 樹中，"/zookeeper/config" 和 "/zookeeper/quota" 這兩個 znode 是 ZooKeeper 附帶的，前者與 ZooKeeper 的設定有關，我們會在 12.3.1 節介紹，後者與 ZooKeeper 的配額有關，我們會在 12.2.5 節介紹。其他 znode 則可由使用者自由建立、編輯。

在 ZooKeeper 中，znode 的資訊保存在 ZooKeeper 的記憶體中，因此 ZooKeeper 支援許多用戶端以極低的回應時間來獲取這棵樹的資訊。

各個連接到 ZooKeeper 的用戶端都可以根據自身許可權來讀寫樹的結構、存取 znode 的資料等。此外，用戶端也可以監聽樹中的結構和資料，從而能在結構、資料發生變化時及時收到通知。

在 ZooKeeper 的資料結構中，最重要的就是 znode。接下來，我們會從不同的角度詳細了解 znode。

12.2.3 znode 的資料與狀態

每個 znode 包含兩部分內容：一部分是資料，另一部分是狀態（被稱為 stat）。

每個 znode 都可以儲存一個二進位形式的資料，可以在建立 znode 時直接設定資料的值，也可以在 znode 建立後修改資料的值。使用 "get" 命令可以讀取資料的值，如下所示。

```
[ZooKeeper: localhost:2181(CONNECTED) 6] get /hi
hello
```

每個 znode 中除包含資料資訊外，還包含自身的狀態資訊。我們可以使用 "stat" 命令或 "get -s" 命令查看 znode 的狀態資訊。下面展示了一個實際 znode 的狀態資訊範例。

```
[ZooKeeper: localhost:2181(CONNECTED) 7] stat /hi
cZxid = 0x3
ctime = Sat Mar 21 22:40:17 CST 2020
mZxid = 0x3
mtime = Sat Mar 21 22:40:17 CST 2020
pZxid = 0x3
cversion = 0
dataVersion = 0
```

```
aclVersion = 0
ephemeralOwner = 0x0
dataLength = 5
numChildren = 0
```

znode 狀態資訊的具體說明如下。

- cZxid：建立該 znode 時對應的全域變更編號 zxid。
- ctime：建立該 znode 的時間戳記。
- mZxid：上次修改該 znode 時對應的 zxid。
- mtime：上次修改該 znode 的時間戳記。
- pZxid：上次修改該 znode 的子 znode 時對應的 zxid。
- cversion：該 znode 的子 znode 資訊版本編號。
- dataVersion：該 znode 的資料版本編號。
- aclVersion：該 znode 的 ACL 版本編號。
- ephemeralOwner：如果該 znode 是臨時 znode，則此處值為所有者的階段 id；如果該 znode 不是一個臨時 znode，則此處值為 0。
- dataLength：znode 中資料的長度。
- numChildren：znode 的子 znode 數目。

每個 znode 的資料都可以被用戶端原子讀寫，並且 ZooKeeper 也支援使用 ACL 來控制用戶端對 znode 的存取。

12.2.4 znode 的可選特性

每個 znode，除持有自身的狀態資訊並可以儲存資料外，還支持一些其他特性。在這一節，我們將介紹 znode 支持的一些特性。

✍ 持久特性

預設情況下，建立的 znode 是持久的。這類 znode 被建立後會一直存在，直到被主動刪除。

✍ 短暫特性

在 ZooKeeper 中，可以建立短暫 znode。短暫 znode 的存活與否是與建立該 znode 的階段綁定的，即當某個階段建立一個短暫 znode 之後，如果該階段斷開，則該短暫 znode 會被自動刪除。

短暫 znode 的這種特性可以使它作為階段用戶端是否線上的標示。一個用戶端建立短暫 znode 後，只要短暫 znode 存在就表示該用戶端還與 ZooKeeper 保持著聯絡；而只要 znode 消失便表示該用戶端與 ZooKeeper 斷開。另外，短暫 znode 也可以像普通 znode 一樣被刪除。

短暫 znode 隨時可能因為對應階段的斷開而被刪除，因此，它不允許有子 znode。

✍ 序列特性

建立 znode 時，還可以要求 ZooKeeper 在 znode 名稱的尾端附加一個單調遞增的序號。這樣可以保證建立出的 znode 一定不會名稱重複。序號的格式為 "%010d"，即總是 10 位數字，且前面填充 0，形如 "0000000012"。這種前面填充 0 的序列格式易於排序。

舉例來說，我們使用 "create -s /hi/yeecode" 命令在 "/hi" 路徑下建立具有序列特性的 "/hi/yeecode"，可以看出每次建立的 znode 名稱都會遞增。

```
[zk: localhost:2181(CONNECTED) 6] create /hi
```

```
Created /hi
[zk: localhost:2181(CONNECTED) 7] create -s /hi/yeecode
Created /hi/yeecode0000000000
[zk: localhost:2181(CONNECTED) 8] create -s /hi/yeecode
Created /hi/yeecode0000000001
[zk: localhost:2181(CONNECTED) 9] create -s /hi/yeecode
Created /hi/yeecode0000000002
[zk: localhost:2181(CONNECTED) 10]
```

要注意的是，儲存下一個序號的計數器是由父 znode 維護的有號整數（4
位元組），當遞增超過 2147483647 時，計數器將溢位。

✏ 容器特性

容器 znode 也是一類比較特殊的 znode。當容器 znode 的最後一個子
znode 被刪除時，容器 znode 自身會在一段時間內（直到被 ZooKeeper
檢查到）被 ZooKeeper 刪除。

在容器 znode 中建立子 znode 時可能會遇到 NoNodeException，這是因
為要操作的容器 znode 已經被刪除。因此，在容器 znode 中建立 znode
時需要檢查 NoNodeException 例外，在捕捉到該例外後通常需要重新建
立容器 znode。

✏ TTL 特性

ZooKeeper 在 3.5.3 版本為 znode 引入了 TTL（Time To Live，存活時
間）特性。

對於持久 znode 和持久序列 znode，可以為其設定 TTL，單位為 ms。如
果某個 znode 沒有子 znode 且在 TTL 規定的時間內沒有被修改，那麼它
將在一段時間內（直到被 ZooKeeper 檢查到）被 ZooKeeper 刪除。

需要注意的是，預設情況下 TTL 是被禁用的，必須在 ZooKeeper 的設定中主動啟用。如果嘗試在未啟用該特性的情況下建立 TTL 形式的 znode，伺服器將拋出 UnimplementedException。

✎ znode 特性複習

在上文中介紹了 znode 的許多特性，但這些特性並不是可以任意組合的。舉例來說，持久特性和短暫特性顯然是互斥的，無法組合在一起；TTL 設定也不支援短暫 znode、容器 znode。

最終，以上特性可以組合成下面七種 znode 類型。

- PERSISTENT：普通的持久 znode。
- PERSISTENT_SEQUENTIAL：帶序列功能的持久 znode。
- EPHEMERAL：短暫 znode。
- EPHEMERAL_SEQUENTIAL：帶序列功能的短暫 znode。
- CONTAINER：容器 znode。
- PERSISTENT_WITH_TTL：帶 TTL 功能的持久 znode。
- PERSISTENT_SEQUENTIAL_WITH_TTL：帶序列功能、TTL 功能的持久 znode。

在 ZooKeeper 原始程式中，上述七種 znode 類型存於列舉類 CreateMode 中。使用過程中，我們可以依據專案需要組裝 znode 的特性，最終得到上述七種 znode 類型中的一種。

12.2.5 znode 的配額

ZooKeeper 支援對 znode 設定配額，配額包含兩類：znode 允許的最巨量資料位元組數、znode 允許的最大子 znode 數目。

當為某個 znode 設定子 znode 配額時要注意，該節點自身也會佔據一個配額。如果我們設定 "/yeecode/top" 的子 znode 配額為 5，則實際允許 "/yeecode/top" 上掛載 4 個子 znode，因為 "/yeecode/top" 自身也佔據了一個配額。

舉例來説，我們使用 "setquota -n 5 /yeecode/top" 來將 "/yeecode/top" 的子 znode 配額設定為 5。之後，使用 "listquota/yeecode/top" 命令可以查詢 "/yeecode/top" 的配額和當前的額度狀態，如下所示。

```
[zk: localhost:2181(CONNECTED) 22] setquota -n 5 /yeecode/top
[zk: localhost:2181(CONNECTED) 23] listquota /yeecode/top
absolute path is /zookeeper/quota/yeecode/top/zookeeper_limits
Output quota for /yeecode/top count=5,bytes=-1
Output stat for /yeecode/top count=1,bytes=0
```

我們可以看到，"/yeecode/top" 的子 znode 配額為 5，資料長度配額為 -1（不設限）。目前 "/yeecode/top" 已經佔據 1 個 znode 額度，0 bytes 的資料額度。

其實，每個 znode 的配額資訊和當前額度資訊是儲存在 "/zookeeper/quota" 對應路徑下的。舉例來説，儲存 "/yeecode/top" 額度資訊的路徑是 "/zookeeper/quota/yeecode/top"。我們可以看到該路徑包含 zookeeper_limits、zookeeper_stats 兩個 znode，zookeeper_limits 中儲存了配額資訊，zookeeper_stats 中儲存了當前額度狀態。

```
[zk: localhost:2181(CONNECTED) 24] setquota -n 5 /yeecode/top
[zk: localhost:2181(CONNECTED) 25] ls /zookeeper/quota/yeecode/top
[zookeeper_limits, zookeeper_stats]
[zk: localhost:2181(CONNECTED) 26] get /zookeeper/quota/yeecode/top/
zookeeper_limits
count=5,bytes=-1
[zk: localhost:2181(CONNECTED) 27] get /zookeeper/quota/yeecode/top/
zookeeper_stats
count=1,bytes=0
```

需要注意的是，配額不具有強制性，只具有警示性。當某個 znode 超過配額時，ZooKeeper 不會阻止子 znode 的建立或資料的寫入，只會列出警告。

12.2.6 znode 許可權設定

ZooKeeper 支援使用 ACL（Access Control Lists，存取控制清單）來控制用戶端對 znode 的存取。

ZooKeeper 的 ACL 設定與 UNIX 的檔案存取權限設定非常相似，但與標準 UNIX 許可權設定不同，ZooKeeper 沒有將使用者劃分為所有者、組、全域三個作用域，而是直接進行許可權分配。

還要注意，每個 znode 的 ACL 設定都是獨立的，不會被子 znode 繼承。舉例來說，"/app" 可以設為只能由 "ip:172.16.16.1" 讀取，而其子 znode"/app/status" 可以設為全域讀取。

要想實現對 znode 的 ACL 設定，除要解決 ACL 的儲存、驗證外，還要實現兩個先決條件：許可權表示規則、使用者辨識規則。

接下來，我們介紹 ZooKeeper 中的許可權表示規則和使用者辨識規則。

1. 許可權表示規則

許可權系統需要採用一定的規則將許可權表示出來，以便於進行許可權的指定、剝奪，這個規則就是許可權表示規則。舉例來説，在 Unix 中使用 "rw-r--r--" 或 "644" 等來表示一組許可權。

ZooKeeper 定義了下面幾個許可權，並為每個許可權指定了字母簡稱。

- CREATE：簡稱為 c，表示建立子 znode。
- READ：簡稱為 r，表示獲取 znode 的資料和它的子 znode。
- WRITE：簡稱為 w，表示寫入 znode 的資料。
- DELETE：簡稱為 d，表示刪除子 znode，注意是刪除子 znode，而非該 znode 自身。
- ADMIN：簡稱為 a，表示修改 ACL 值許可權。

用以上各個許可權的簡稱便可以表示一組許可權。舉例來説，"cda" 表示具有建立子 znode、刪除子 znode、修改 ACL 值的許可權。

除以上操作外，還有一些操作是不受 ACL 限制的，即任何一個使用者都可以進行這些操作。這些操作有查看 znode 狀態操作、查看 znode 配額操作、刪除 znode 自身操作。舉例來説，下面的範例中，我們作為沒有許可權的使用者查看了 "/hi/yeecode" 節點的狀態，然後刪除了該節點。

```
[zk: localhost:2181(CONNECTED) 1] getAcl /hi/yeecode
Authentication is not valid : /hi/yeecode
[zk: localhost:2181(CONNECTED) 3] get /hi/yeecode
org.apache.zookeeper.KeeperException$NoAuthException: KeeperErrorCode =
```

```
NoAuth for /hi/yeecode
[zk: localhost:2181(CONNECTED) 4] stat /hi/yeecode
cZxid = 0x78
ctime = Sat Mar 21 23:40:17 CST 2020
mZxid = 0x78
mtime = Sat Mar 21 23:40:17 CST 2020
pZxid = 0x78
cversion = 0
dataVersion = 0
aclVersion = 3
ephemeralOwner = 0x0
dataLength = 2
numChildren = 0
[zk: localhost:2181(CONNECTED) 5] delete /hi/yeecode
[zk: localhost:2181(CONNECTED) 6] get /hi/yeecode
org.apache.zookeeper.KeeperException$NoNodeException: KeeperErrorCode =
NoNode for /hi/yeecode
```

還有一點需要説明，即每個 znode 只能設定一個許可權規則。如果某個 znode 先對 A 類使用者設定許可權集合 P_A，然後對 B 類使用者設定許可權集合 P_B，則後設定的 P_B 會覆蓋先設定的 P_A。最終只有一個許可權規則 P_B 在該 znode 中被保存下來。

2. 使用者辨識規則

許可權系統需要採用一定的規則將某個或某類使用者辨識出來，然後才能給他們設定許可權，這個規則就是使用者辨識規則。最簡單地，各個系統中的 UserId 就是一個使用者辨識規則，每個 UserId 就能辨識出唯一的使用者。

ZooKeeper 面對的使用者就是用戶端，因此接下來的討論中，我們所述的使用者就是指連接到 ZooKeeper 叢集的用戶端。這些用戶端可能並沒有在 ZooKeeper 中提前註冊，如何辨識每一個用戶端是一個需要解決的問題。

ZooKeeper 的使用者辨識規則支援 world、ip、auth、digest 四種方案。我們分別介紹。

☑ world 方案

world 方案中，只有一個使用者 anyone，這個 anyone 使用者代表了所有使用者。world 方案格式為 "world:anyone"。

預設情況下，一個 znode 建立時便採用 world 方案將 znode 的所有權限指定給了所有使用者。舉例來説，我們可以採用 "getAcl" 命令查看某個 znode 的許可權。

```
[zk: localhost:2181(CONNECTED) 15] getAcl /hi/yeecode
'world,'anyone
 : cdrwa
```

可見，所有使用者都對上述節點具有 "cdrwa" 許可權。

我們可以使用 "setAcl" 命令修改 znode 的許可權，如下所示：

```
[zk: localhost:2181(CONNECTED) 16] setAcl /hi/yeecode world:anyone:crwd
[zk: localhost:2181(CONNECTED) 17] getAcl /hi/yeecode
'world,'anyone
 : cdrw
```

則我們將所有使用者的許可權修改成了 "cdrw"。

☑ ip 方案

ip 方案透過用戶端的 ip 位址來辨識使用者。

ip 方案的格式為 "ip:rule"。其中，rule 可以直接是一個 ip 位址，如 "192.168.20.30"。rule 也可以包含子網路遮罩，如 "192.168.0.0/16" 符合 "192.168.*.*"。

舉例來説，在下面的操作中，我們把 "cdrwa" 許可權指定 ip 為 "127.0.0.1" 的使用者。

```
[zk: 127.0.0.1:2181(CONNECTED) 55] getAcl /hi/yeecode
'world,'anyone
: cdrwa
[zk: 127.0.0.1:2181(CONNECTED) 56] setAcl /hi/yeecode ip:127.0.0.1:cdrwa
[zk: 127.0.0.1:2181(CONNECTED) 57] redo 55
'ip,'127.0.0.1
: cdrwa
```

⬚ auth 方案

auth 方案透過使用者認證來辨識使用者。在使用這種方案前，需要先使用 "addauth" 命令建立認證使用者。

舉例來説，下面的命令建立了一個用戶名為 "yee"，密碼為 "yeecode.top" 的認證使用者。

```
addauth digest yee:yeecode.top
```

然後，我們可以使用 auth 方案為 znode 設定許可權。

auth 方案的格式為 "auth:name"。下面的範例中，在 "/hi/yeecode" 節點上為用戶名為 "yee" 的使用者設定了許可權 "crwa"。

```
[zk: 127.0.0.1:2181(CONNECTED) 59] getAcl /hi/yeecode
'ip,'127.0.0.1
: cdrwa
```

```
[zk: 127.0.0.1:2181(CONNECTED) 61] setAcl /hi/yeecode auth:yee:crwa
[zk: 127.0.0.1:2181(CONNECTED) 62] getAcl /hi/yeecode
'digest,'yee:PPcWQzPgk954tUk/Jef+e1+6CFM=
: crwa
```

當用戶端與 ZooKeeper 斷開連接再重新連接時，會失去使用者 "yee" 具有的許可權，只有透過 "addauth digest yee:yeecode.top" 命令再次認證身份後，才能找回使用者 "yee" 的許可權。

```
[zk: 127.0.0.1:2181(CONNECTED) 65] getAcl /hi/yeecode
Authentication is not valid : /hi/yeecode
[zk: 127.0.0.1:2181(CONNECTED) 66] addauth digest yee:yeecode.top
[zk: 127.0.0.1:2181(CONNECTED) 67] getAcl /hi/yeecode
'digest,'yee:PPcWQzPgk954tUk/Jef+e1+6CFM=
: crwa
```

透過上面的互動命令可以看出，最終 "/hi/yeecode" 上儲存的許可權方案是 digest 方案而非 auth 方案。這是因為如果直接儲存 auth 資訊就曝露了用戶端設定的密碼，使用 digest 方案儲存更具有安全性。

auth 方案設定的許可權資訊最終使用 digest 方案儲存，但還是需要用戶端透過 "addauth" 命令用明文向 ZooKeeper 發送密碼，帶來了密碼洩露的隱憂。而下面要介紹的 digest 方案則可以避免這一點。

▨ digest 方案

digest 方案和 auth 方案十分類似。auth 方案的格式為 "auth:name"，而 digest 方案的格式為 "digest:name:abstract"。其中，abstract 是指該使用者的用戶名和密碼的摘要資訊。

在 Unix 中，透過下面的命令可以生成用戶名和密碼的摘要資訊。

```
echo -n username:password | openssl dgst -binary -sha1 | openssl base64
```

舉例來說，下面的程式中，生成了用戶名為 "yee"、密碼為 "yeecode.top" 的使用者的摘要資訊。

```
$ echo -n yee:yeecode.top | openssl dgst -binary -sha1 | openssl base64
PPcWQzPgk954tUk/Jef+e1+6CFM=
```

上述摘要資訊的生成過程是在用戶端本地完成的，因此不需要將密碼明文傳輸到 ZooKeeper 伺服器。

獲得了使用者的摘要資訊之後，便可以使用 digest 方案為指定使用者設定許可權。舉例來說，下面的程式中，我們設定使用者 "yee" 在 "/hi/yeecode" 的許可權為 "crwa"。

```
[zk: 127.0.0.1:2181(CONNECTED) 70] getAcl /hi/yeecode
'world,'anyone
: cdrwa
[zk: 127.0.0.1:2181(CONNECTED) 71] setAcl /hi/yeecode digest:yee:
PPcWQzPgk954tUk/Jef+e1+6CFM=:crwa
[zk: 127.0.0.1:2181(CONNECTED) 72] getAcl /hi/yeecode
'digest,'yee:PPcWQzPgk954tUk/Jef+e1+6CFM=
: crwa
[zk: 127.0.0.1:2181(CONNECTED) 73]
```

可見，digest 方案在 auth 方案的基礎上避免了密碼的明文傳輸，更為安全。

除上述許可權表示規則和使用者辨識規則外，ZooKeeper 還支援使用者外接自訂的許可權設定。

12.3 互動式命令列用戶端

ZooKeeper 安裝套件的 bin 資料夾中提供了一個互動式命令列用戶端 zkCli。在 Windows 中我們可以執行 zkCli.cmd 檔案啟動用戶端，在 Linux 中我們可以執行 zkCli.sh 檔案啟動用戶端。

用戶端啟動後，可以看到圖 12.4 所示的執行介面。

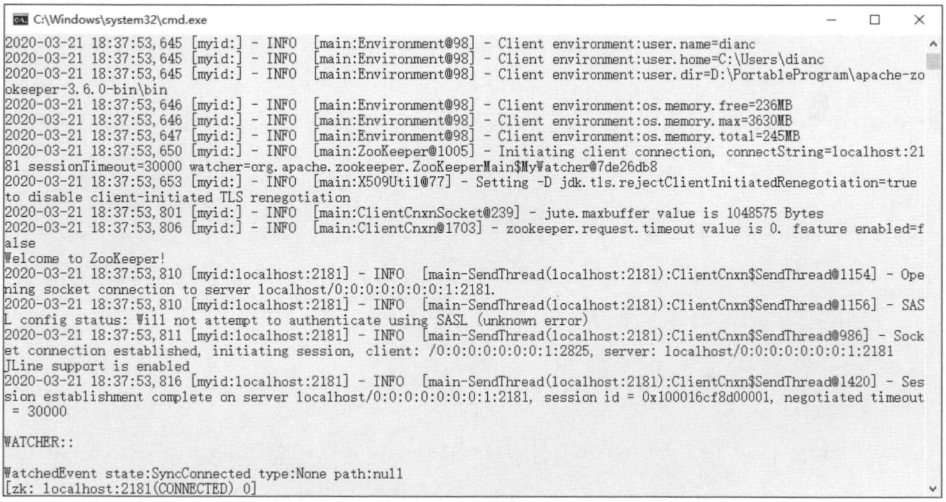

圖 12.4 互動式命令列用戶端 zkCli

透過這個互動式命令列用戶端，我們可以方便地連接到 ZooKeeper 上並開展一些操作。

接下來，我們對 ZooKeeper 互動式命令列用戶端支援的命令介紹。

12.3.1 設定命令

設定命令是一些與用戶端連接、用戶端設定、伺服器設定相關的命令。各個命令的含義與參數說明如下。

- connect host:port：連接到指定位址、通訊埠的 ZooKeeper 伺服器。
- addauth scheme auth：增加認證使用者。
  - scheme：認證方案。
  - auth：認證描述，因具體的認證方案不同而不同。詳細設定方式見 12.2.6 節。

- config [-c] [-w] [-s]：獲取 ZooKeeper 的設定，等於讀取 "/zookeeper/config" 的資訊。
  - -c：只輸出當前版本資訊和叢集設定字串。
  - -w：對 ZooKeeper 的設定資訊增加監聽，即對 "/zookeeper/config" 節點的資料設定監聽。
  - -s：獲取設定的狀態資訊。

- reconfig [-s] [-v version] [[-file path] | [-members serverID=host:port1:port2; port3[,...]*]] | [-add serverId=host:port1:port2;port3[,...]]* [-remove serverId[,...]*]：更改 ZooKeeper 的設定資訊。
  - -s：同時傳回 "/zookeeper/config" 的狀態資訊。
  - -v version：只有當前 "/zookeeper/config" 的資料版本為指定值時，修改才能生效。
  - -file path：使用設定檔來更新設定，並列出設定檔的位址。
  - -members serverID=host:port1:port2;port3[,...]*：重新設定伺服器列表。
  - -add serverId=host:port1:port2;port3[,...]：新增加伺服器。

- -remove serverId[,...]*：刪除指定的伺服器。

■ history：獲取互動式命令列用戶端的操作歷史。

■ printwatches on|off：設定互動式命令列用戶端中是否輸出監聽事件通知。

■ redo cmdno：再次執行對話中的某筆歷史命令。

- cmdno：歷史命令編號。

■ sync path：強制當前連接的 ZooKeeper 伺服器與 Leader 伺服器同步指定路徑的資訊。

- path：要同步資訊的路徑。

■ close：關閉與 ZooKeeper 伺服器的連接。

■ quit：退出當前的互動式命令列用戶端。

12.3.2 znode 操作命令

znode 操作命令包括一些與 znode 的建立、編輯、刪除相關的命令，還包括設定 znode 的監聽器、配額、許可權等。

■ create [-s] [-e] [-c] [-t ttl] path [data] [acl]：建立一個 znode。不支持遞迴建立，必須存在其父 znode 才能建立成功。其中各項參數介紹如下。

- -s：要建立的節點是序列節點。
- -e：要建立的節點是臨時節點。
- -c：要建立的節點是容器節點。
- -t ttl：節點的最長存活時間。
- path：要建立的節點的路徑。

- data：要建立的節點中包含的資料。
- acl：節點的存取控制資訊。

- delete [-v version] path：刪除指定的 znode。不支持遞迴刪除，要刪除的 znode 必須沒有子 znode 才能刪除成功。
  - -v version：只有當前 znode 的資料版本為指定值時，刪除操作才能生效。
  - path：要刪除的 znode 的路徑。

- deleteall path：刪除指定路徑的節點並遞迴刪除其子 znode，這是 delete 的遞迴版本。

- get [-s] [-w] path：獲取一個 znode 的資料資訊。
  - -s：同時傳回 znode 的狀態資訊。
  - -w：同時替該 znode 增加一個資料監聽器。
  - path：znode 的路徑。

- set [-s] [-v version] path data：設定 znode 的值。
  - -s：同時輸出 znode 的狀態資訊。
  - -v version：只有當前 znode 的資料版本為指定值時，修改才能生效。
  - path：znode 的路徑。
  - data：znode 中的資料。

- stat [-w] path：查詢指定 znode 的狀態。
  - -w：同時替該 znode 增加一個資料監聽器。
  - path：znode 的路徑。

- getAcl [-s] path：獲取一個 znode 的存取控制資訊。
  - -s：同時傳回 znode 的狀態資訊。
  - path：znode 的路徑。

- ls [-s] [-w] [-R] path：查詢某 znode 的子 znode。
  - -s：同時傳回 znode 的狀態資訊。
  - -w：同時設定一個子 znode 監聽器。
  - -R：遞迴查詢子 znode 的下級節點。
  - path：znode 的路徑。

- removewatches path [-c|-d|-a] [-l]：刪除指定 znode 的監聽器。
  - -c|-d|-a：分別指刪除子 znode 監聽器、資料監聽器、所有監聽器。
  - -l：如果用戶端與伺服器斷開連接，則可以先刪除用戶端本地的監聽器設定。

- setAcl [-s] [-v version] [-R] path acl：修改指定 znode 的存取控制規則。
  - -s：同時輸出 znode 的狀態。
  - -v version：只有當前 znode 的資料版本為指定值時，修改才能生效。
  - -R：遞迴修改節點的子 znode。
  - path：znode 的路徑。
  - acl：存取控制規則。

- listquota path：查詢指定 znode 的配額。
- setquota -n|-b val path：設定指定 znode 的配額。
  - -n|-b val：設定子 znode 數目配額值或資料位元組數配額值。
  - path：znode 的路徑。

- delquota [-n|-b] path：刪除指定 znode 的配額。
  - -n|-b：要刪除的配額的類型，分別指子 znode 數目配額、資料位元組數配額。
  - path：znode 的路徑。

備註

此外，還有一些被標注為廢棄的命令，它們的功能都可以用以上常用命令替代。對於這些要被廢棄的命令，我們沒有介紹，也不推薦使用。

12.3.3 使用範例

學習完互動式命令列用戶端的命令之後，我們可以使用這些命令來存取、修改 ZooKeeper 中的資訊。

舉例來說，在下面命令列中，我們先建立了一個 znode，並為其設定監聽器。然後，修改 znode 的資訊來觸發監聽器。

```
[zk: localhost:2181(CONNECTED) 4] create /yeecode
Created /yeecode
[zk: localhost:2181(CONNECTED) 5] create /yeecode/top 易哥
Created /yeecode/top
[zk: localhost:2181(CONNECTED) 6] get -w /yeecode/top
易哥
[zk: localhost:2181(CONNECTED) 7] set /yeecode/top yeecode.top

WATCHER::

[
WatchedEvent state:SyncConnected type:NodeDataChanged path:/yeecode/top
zk: localhost:2181(CONNECTED) 8]
```

ZooKeeper 的互動式命令列用戶端是 Java 實現的，該用戶端定義了一組互動式命令規則，並能夠解析、執行這些命令。該用戶端原始程式的主入口為 "org.apache.zookeeper. ZooKeeperMain" 類別的 main 方法。查看 Unix 版本的互動式用戶端 zkCli.sh 的原始程式，可以看到它主要進行了執行環境的設定,然後就呼叫了 "org.apache.zookeeper.ZooKeeperMain"
類別的 main 方法。

```
ZOOBIN="${BASH_SOURCE-$0}"
ZOOBIN="$(dirname "${ZOOBIN}")"
ZOOBINDIR="$(cd "${ZOOBIN}"; pwd)"

if [ -e "$ZOOBIN/../libexec/zkEnv.sh" ]; then
  . "$ZOOBINDIR"/../libexec/zkEnv.sh
else
  . "$ZOOBINDIR"/zkEnv.sh
fi

ZOO_LOG_FILE=zookeeper-$USER-cli-$HOSTNAME.log

"$JAVA" "-Dzookeeper.log.dir=${ZOO_LOG_DIR}" "-Dzookeeper.root.logger=
${ZOO_LOG4J_PROP}" "-Dzookeeper.log.file=${ZOO_LOG_FILE}" \
    -cp "$CLASSPATH" $CLIENT_JVMFLAGS $JVMFLAGS \
    org.apache.zookeeper.ZooKeeperMain "$@"
```

在學習很多框架、平台時,閱讀其原始程式能幫助我們準確、高效率地
了解其使用方法、實現原理,並能夠在這個過程中學習到先進的架構知
識,提升自己的程式設計能力。

 備註

閱讀原始程式對於提升技術能力大有裨益,但是閱讀原始程式也確實很
難,作者出版了《拉近和大神之間的差距:從閱讀 MyBatis 原始程式碼
開始》,以真實 MyBatis 原始程式為例複習了原始程式閱讀的流程和方
法,還對 MyBatis 的架構方式、實現技巧等進行了深入的剖析,有助提
升讀者的原始程式閱讀能力、程式設計架構能力。

12.4 監聽器

ZooKeeper 支援監聽器功能。以監聽器為基礎，用戶端可以在感興趣的 znode 上設定監聽，並在該 znode 發生變動時收到通知。

在這一節中，我們介紹的是設定在 znode 上的監聽器，即 znode 監聽器，也是最常用的監聽器。此外，ZooKeeper 中還會有連接監聽器，其特性和 znode 監聽器並不完全相同。關於連接監聽器，我們將在 12.5.4 節介紹。

12.4.1 特性

ZooKeeper 中的監聽器有幾個重要特性需要注意，我們一一多作說明。

☑ 一次性

ZooKeeper 中的 znode 監聽器是一次性的，也就是說只要監聽器被觸發一次，它就被移除了。

舉例來說，我們使用 "getData("/hi", true)" 方法（這是 ZooKeeper 的 Java 用戶端中提供的方法）在 "/hi" 上設定一個資料監聽器。當第一次修改 "/hi" 的資料時，ZooKeeper 會發出事件通知。當再次修改 "/hi" 的資料時，ZooKeeper 就不會再發出通知了。因為在第一次事件觸發後，ZooKeeper 已經將 "/hi" 上的資料監聽器移除了。

如果要持續監聽一個 znode，則需要在每次事件觸發後重新設定一個監聽器。並且要注意，在上次監聽器被移除和下次監聽器被設立之間存在時間差，在這個時間差中我們可能會錯過某些事件。

▨ 順序性

事件發生時，ZooKeeper 會給監聽該事件的用戶端發送通知。但是，通知在到達用戶端之前會經歷一段時間。這表示，事件已經發生，但是監聽該事件的用戶端需要過一段時間後才能收到該通知。

上述情況可能會引發一些問題。舉例來說，用戶端 A 設定了一個監聽器用來監聽 "/hi" 是否存在。在其他用戶端成功刪除了 "/hi" 之後，用戶端 A 收到事件通知之前，如果用戶端 A 讀取 "/hi" 的資料，那麼會發生什麼呢？

這種情景的時序圖如圖 12.5 所示。

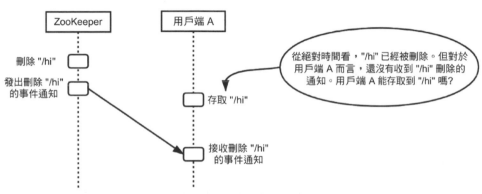

圖 12.5 ZooKeeper 的監聽通知順序性示意圖

為了避免上述矛盾，ZooKeeper 提供了順序性保證。

在順序性保證下，其他用戶端成功刪除了 "/hi" 之後，用戶端 A 收到事件通知之前，如果用戶端 A 讀取 "/hi" 的資料則會正常讀到 "/hi" 的資料。直到用戶端 A 收到 "/hi" 刪除的事件通知後，對於用戶端 A 而言，"/hi" 才是真的被刪除了。

☑ 分類別

ZooKeeper 中的 znode 監聽器是分類別的，它分為資料監聽器和子 znode 監聽器。

透過 "getData" 方法和 "exists" 方法（均為 ZooKeeper 的 Java 用戶端中提供的方法）設定的監聽器是資料監聽器，當目標 znode 的資料發生變動時會觸發這類監聽器。透過 "getChildren" 方法（ZooKeeper 的 Java 用戶端中提供的方法）設定的是子 znode 監聽器，當子 znode 發生增刪時會觸發這類監聽器。

當建立某個新 znode 時，會觸發該 znode 正在建立的資料監聽器和父 znode 的子 znode 監聽器。當刪除某個 znode 時，則會觸發該 znode 的資料監聽器、子監聽器，並觸發父 znode 的子 znode 監聽器。

☑ 輕量級

ZooKeeper 中的事件資訊是輕量的，僅包含連接狀態、事件類型、znode 路徑三項。舉例來說，當 znode 的資料發生變動時，資料監聽器通知中不會包含 znode 資料的值。

這種輕量級的通知方式利於資訊的快速抵達，如果用戶端需要獲取詳細資訊，則可以在接收到通知後主動拉取。

☑ 恢復性

用戶端設定的監聽器實際保存在用戶端中，並在用戶端所連接的 ZooKeeper 伺服器的對應 znode 上設有標示位元。當用戶端切換連接的伺服器時，用戶端連接到的新 ZooKeeper 伺服器會立刻恢復該用戶端對應的監聽標識位元。

但是要注意，在用戶端與舊 ZooKeeper 伺服器斷開之後、與新 ZooKeeper 伺服器連接之前的這段時間內，如果發生了監聽事件，則該事件無法觸發監聽器的通知。

🗹 單執行緒

ZooKeeper 用戶端與伺服器建立連接後，會在用戶端中建立兩個執行緒。一個是負責命令發送與結果接收的工作執行緒，另一個是負責接收監聽器通知的監聽器執行緒。所有的監聽器，包括各個 znode 監聽器和連接監聽器都工作在監聽器執行緒中。

因此，如果一個事件處理函數的操作時間過長，則會阻塞其他監聽器。所以要保證監聽器處理函數的簡短迅速，防止阻塞監聽器執行緒進而影響其他監聽器接收事件通知。

12.4.2 事件通知

設定監聽後，當發生指定的事件時，對應的監聽器便可以收到事件通知。舉例來説，下面是一筆事件通知範例：

```
WatchedEvent state:SyncConnected type:DataWatchRemoved path:/hi
```

其中，主要包含了以下三個內容。

- state：事件發生時的用戶端與 ZooKeeper 的連接狀態。
- type：事件的具體類型。
- path：事件的發生路徑。

大部分的情況下，事件由 znode 的增刪或 znode 資料的變動引發，此時事件的狀態 state 為 SyncConnected，表示用戶端和服務端正常連接。

監聽通知中的事件類型主要有以下幾種。

- NodeCreated：被監聽的 znode 被建立。
- NodeDeleted：被監聽的 znode 被刪除。
- NodeDataChanged：被監聽的 znode 中的資料發生變化。
- NodeChildrenChanged：被監聽的 znode 的子 znode 發生增刪。
- DataWatchRemoved：被監聽的 znode 的資料監聽器被刪除，當呼叫 removewatches -d 或 removewatches -a 時觸發。
- ChildWatchRemoved：被監聽的 znode 的子 znode 監聽器被刪除，當呼叫 removewatches -c 或 removewatches -a 時觸發。
- None：沒有與 znode 相關的事件，用在連接監聽器發出的通知中。

用戶端接收到事件後，可以分析事件發生時的連接狀態、事件類型、發生路徑，然後採取對應的行為。

透過閱讀 ZooKeeper 的原始程式，我們可以了解監聽器的實現原理，其具體實現並不複雜。服務端在收到用戶端發出的讀取指令後，會判斷是否需要在當前 znode 處為當前階段增加監聽。如果需要，則在該 znode 的監聽列表中保存這個階段。當 znode 發生變動時，Zookeeper 只需要給監聽列表中保存的所有階段推送該事件通知即可。

12.4.3 互動式命令列用戶端中的監聽器

當使用 zkCli 用戶端連接 ZooKeeper 時，zkCli 用戶端會為我們建立一個預設監聽器綁定到這個階段上。這個預設的監聽器便是 zkCli 用戶端中唯一的監聽器。

當我們要為某個 znode 設定監聽器時,可以在對應的讀取指令中設定。

- "get" 命令用來獲取一個 znode 的資料資訊,如果在該命令執行時增加 "-w" 參數,則會在對應的 znode 上增加一個資料監聽器。
- "stat" 命令用來查詢指定 znode 的狀態,如果在該命令執行時增加 "-w" 參數,則會在對應的 znode 上增加一個資料監聽器。
- "ls" 命令用來查詢某 znode 的子 znode,如果在該命令執行時增加 "-w" 參數,則會在對應的 znode 上增加一個子 znode 監聽器。

當對應的 znode 上發生指定類型的事件時,zkCli 用戶端會列印對應的事件資訊。舉例來說,在下面的程式中,我們為 "/yeecode" 設定了一個子 znode 監聽器,當在 "/yeecode" 下新增子 znode 時,便可以收到對應的事件資訊。

```
[zk: localhost:2181(CONNECTED) 4] create /yeecode
Created /yeecode
[zk: localhost:2181(CONNECTED) 5] ls -w /yeecode
[]
[zk: localhost:2181(CONNECTED) 6] create /yeecode/top

WATCHER::Created /yeecode/top

WatchedEvent state:SyncConnected type:NodeChildrenChanged path:/yeecode
[zk: localhost:2181(CONNECTED) 7]
```

使用 "removewatches path [-c|-d|-a] [-l]" 命令可以將指定 znode 上的指定類型的監聽器刪除。

12.4.4 其他用戶端中的監聽器

使用其他用戶端與 ZooKeeper 連接時，需要傳入一個監聽器。舉例來
說，在 Java 用戶端中，ZooKeeper 構造方法中的 Watcher 參數便用來接
收該監聽器。這裡傳入的監聽器也是此次連接的預設監聽器。

```
public ZooKeeper(String connectString, int sessionTimeout, Watcher
watcher) throws IOException
{
    // 省略操作程式
}
```

如果想在指定 znode 變動時收到通知，則需要在對應的 znode 上設定
監聽器，具體操作也十分簡單。ZooKeeper 的讀取操作方法，如獲取
znode 資料的 "getData" 方法、獲取子 znode 的 "getChildren" 方法、判斷
znode 是否存在的 "exists" 方法中都包含一個監聽器設定選項。在呼叫這
些方法時，我們可以透過監聽器設定選項啟用預設監聽器或設定一個新
監聽器。

舉例來說，ZooKeeper 的 Java 用戶端中存在方法 "public List<String>
getChildren(String path, boolean watch)"。如果在呼叫該方法時，watch
參數的值為 true，則該方法會在讀取 path 的子 znode 的同時在 path 處設
定子 znode 監聽器。具體使用的監聽器即用戶端與 ZooKeeper 建立連接
時傳入的預設監聽器。

ZooKeeper 的 Java 用戶端中還會有方法 "public List<String>
getChildren(final String path, Watcher watcher)"，與上面的方法唯一的不
同點在於這裡將使用 watcher 參數所指的監聽器，而非預設的監聽器。
這樣，用戶端中可以存在多個監聽器，當事件發生時，只有對應的監聽

器會收到通知。這種設定方式便於我們用不同的監聽器來處理不同的通知。

還有一點要注意，無論建立了多少個監聽器，它們都工作在同一個監聽器執行緒中，會互相阻塞。因此，要確保每個監聽器的事件處理函數都不包含耗時操作。

12.5 連接與階段

ZooKeeper 伺服器啟動之後，便可以接收用戶端的連接。用戶端連接到 ZooKeeper 伺服器之後，便可以讀取 ZooKeeper 中 znode 的結構和資料。

如果 ZooKeeper 以叢集的形式部署，則一個用戶端在某個時刻只會連接 ZooKeeper 叢集中的一台伺服器，而且會根據負載等情況在伺服器間進行切換。

在這一節中，我們將了解 ZooKeeper 中連接與階段相關的知識。

12.5.1 連接建立

用戶端與 ZooKeeper 建立連接的方式十分簡單，以 Java 用戶端為例，可以呼叫下面的方法建立連接。

```
public ZooKeeper(String connectString, int sessionTimeout, Watcher
watcher) throws IOException
{
    // 省略操作程式
}
```

其中的三個參數介紹如下。

- connectString：連接字串。
- sessionTimeout：階段逾時時間。
- watcher：監聽器。

互動式命令列用戶端 zkCli 就是一個典型的 Java 用戶端，它在啟動後會自動連接 "localhost:2181" 的伺服器，並將 session 過期時間設定為 30000。這段設定可以在 ZooKeeper 的原始程式中看到，其位於 "org.apache.zookeeper.ZooKeeperMain" 類別中，相關設定程式如下。

```
public ZooKeeperMain(String[] args) throws IOException,
InterruptedException {
    cl.parseOptions(args);
    System.out.println("Connecting to " + cl.getOption("server"));
    connectToZK(cl.getOption("server"));
}
// 省略了大量其他程式

static class MyCommandOptions {
    public MyCommandOptions() {
        options.put("server", "localhost:2181");
        options.put("timeout", "30000");
    }

    public String getOption(String opt) {
        return options.get(opt);
    }
    // 省略了大量其他程式
}
```

互動式命令列用戶端還會為連接準備一個監聽器，其實現如下。

```
private class MyWatcher implements Watcher {

    public void process(WatchedEvent event) {
        if (getPrintWatches()) {
            ZooKeeperMain.printMessage("WATCHER::");
            ZooKeeperMain.printMessage(event.toString());
        }
    }

}
```

可見該監聽器的功能就是將接收到的事件通知列印到主控台上。

關於監聽器的設定我們已經在 12.4 節進行了介紹。接下來，我們詳細介紹連接字串、階段逾時時間這兩個參數。

🖉 連接字串

連接字串中記錄了伺服器的主機、通訊埠資訊，如 "127.0.0.1:4545"。

如果 ZooKeeper 以叢集方式部署，那麼用戶端的連接字串中可以提供多個主機、通訊埠資訊，它們之間使用 "," 分割即可，如 "127.0.0.1:3000,127.0.0.1:3001, 127.0.0.1:3002"。如果提供多個主機、通訊埠資訊，那麼用戶端會從中選擇一個可用的伺服器連接，而非同時連接多個伺服器。

在 3.2.0 版本之後，可以在主機、通訊埠資訊之後增加一個路徑資訊。該路徑將作為此次連接的階段根目錄，這類似於 Unix 的 "chroot" 命令。舉例來說，我們可以使用 "127.0.0.1:4545/app/a" 與 ZooKeeper 建立連接，則該連接中所有階段的根目錄將變為 "/app/a"。當使用 "get /foo/bar" 命令時，實際操作的路徑為 "/app/a/foo/bar"。這一特性十分適合在

多租戶叢集中使用，每個租戶可以設定自身的根目錄，避免租戶間互相
干擾。

◨ 階段逾時時間

階段逾時時間也是建立連接時的重要參數，其單位為 ms。

要注意的是，用戶端設定的該值並不會被直接採納。ZooKeeper 伺服器
會對該值進行調整，將該值限定到滴答時間（tickTime，在 ZooKeeper
的設定檔中設定）的 2 倍到 20 倍之間。ZooKeeper 伺服器會回覆最終確
定的階段逾時時間，在用戶端中也可以讀取到這個階段逾時時間。

舉例來說，在 "tickTime=2000" 的情況下，把用戶端將階段逾時時間設
定為 1000000ms。顯然，該值太大了，超過了 tickTime 的 20 倍。設定
過程如下所示：

```
public static void main(String[] args) {
    int expectedSessionTimeout = 1000000;
    try (ZooKeeper zk = new ZooKeeper("127.0.0.1:2181", 1000000, new
ConnectionWatcher())) {
        Thread.sleep(1000);
        System.out.println("--連接建立--");
        System.out.println("期望階段過期時間為：" +
expectedSessionTimeout + "ms；協商後的實際階段過期時間為：" +
zk.getSessionTimeout() + "ms。");
    }
}
```

執行程式，會列印出以下結果。

```
--連接建立--
期望階段過期時間為：1000000ms；協商後的實際階段過期時間為：40000ms。
```

這表示 ZooKeeper 最終將階段逾時時間定為了 40000ms，即 tickTime 的 20 倍。可見，當用戶端設定的逾時時間過大時，ZooKeeper 會將其修改為滴答時間的 20 倍。同理，當用戶端設定的逾時時間過小時，ZooKeeper 會將其修改為滴答時間的 2 倍。

用戶端連接 ZooKeeper 伺服器後，會以一定時間間隔向 ZooKeeper 伺服器發送心跳。如果 ZooKeeper 伺服器未接收到用戶端的心跳請求超過階段逾時時間，則會認為用戶端掉線，繼而會刪除該用戶端建立的臨時節點，並發送對應的事件通知。

心跳請求一方面幫助 ZooKeeper 伺服器判斷用戶端是否在線上，另一方面也幫助用戶端判斷自己連接的 ZooKeeper 伺服器是否正常執行。當用戶端發現自己連接的 ZooKeeper 伺服器停止工作後，會嘗試從連接字串中找出新的 ZooKeeper 伺服器進行連接。因此，心跳的時間間隔比階段逾時時間短許多，以便用戶端檢測到自身連接的 ZooKeeper 伺服器停止工作後，有充足的時間尋找和連接新的 ZooKeeper 伺服器。

12.5.2 伺服器切換

用戶端連接 ZooKeeper 伺服器時，可以使用一個逗點分隔的主機通訊埠清單，清單中的每一項都代表一個 ZooKeeper 伺服器。當用戶端連接的伺服器當機時，用戶端會嘗試從列表中選擇其他的 ZooKeeper 伺服器連接。

ZooKeeper 伺服器叢集也會使用負載平衡演算法協調各個 ZooKeeper 伺服器的連接數，當發現某個 ZooKeeper 伺服器連接的用戶端過多時，會將這些用戶端轉移到其他 ZooKeeper 伺服器上。這個過程會導致 ZooKeeper 用戶端與 ZooKeeper 叢集暫時斷開。

用戶端與 ZooKeeper 建立連接後，ZooKeeper 將為該用戶端建立一個 ZooKeeper 階段，階段 ID 為 64 位數字。ZooKeeper 還為這個階段 ID 設定了一個密碼，ZooKeeper 叢集中的任何一個伺服器都可以驗證該密碼。用戶端切換伺服器時，它會在握手資訊中向新的伺服器發送階段 ID 和密碼，新伺服器可以根據這些資訊驗證用戶端的身份。

12.5.3 階段狀態

用戶端與 ZooKeeper 伺服器建立連接的過程中，階段將處在 CONNECTING 狀態。當連接成功後，階段將變為 CONNECTED 狀態。

當用戶端與 ZooKeeper 叢集失聯時，對應的階段將轉為 CONNECTING 狀態，用戶端會重新從連接字串中搜尋一個可用的 ZooKeeper 伺服器進行連接，並在重新連接成功後再次恢復到 CONNECTED 狀態。因此，正常情況下，用戶端的階段狀態為 CONNECTING 或 CONNECTED。

用戶端在連接過程中如果身份驗證失敗，則連接會變為 AUTH_FAILED 狀態；而如果連接逾時，或主動關閉，則連接會轉為 CLOSED 狀態。

圖 12.6 所示為階段狀態轉換圖。

圖 12.6 中 CONNECTEDREADONLY 和 CONNECTED 類似，也代表了用戶端與 ZooKeeper 伺服器連接成功。只是當前伺服器處在唯讀狀態。

當某個 ZooKeeper 伺服器與大多數伺服器失聯後，它會變為唯讀狀態，此時它只接受宣告了唯讀的用戶端前來連接。

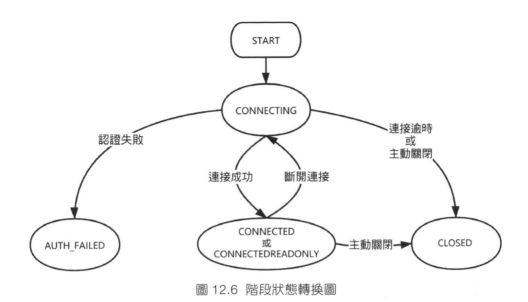

圖 12.6 階段狀態轉換圖

由狀態轉換圖可以看出，階段能夠自動從 CONNECTING 狀態恢復為
CONNECTED 狀態。因此當連接監聽器接收到階段斷開的 Disconnected
通知時，不要重新建立階段（在 Java 用戶端中新建 ZooKeeper 物件或在
C 用戶端中重建 ZooKeeper 控制碼），而應該等待用戶端自動重連。

階段過期是由 ZooKeeper 叢集管理的，而非由用戶端管理的。當叢集
中的伺服器在指定的階段逾時時間內沒有收到來自某用戶端的心跳時，
將判斷該階段過期。當階段過期後，叢集將刪除該階段擁有的所有臨時
znode，並通知所有監聽這些 znode 的用戶端。

12.5.4 連接監聽器

ZooKeeper 除能為 znode 設定監聽器外,還為用戶端與 ZooKeeper 的連接狀態設定了一個監聽器,所使用的監聽器就是建立用戶端連接時傳入的預設監聽器。

連接監聽器不是一次性的,它可以被多次觸發。每當連接狀態發生變化時,用戶端都會收到對應的事件通知。舉例來說,當用戶端連接到 ZooKeeper 時,監聽器會收到下面的通知,表示與伺服器同步成功。

```
http-nio-12301-exec-1-EventThread watcher:WatchedEvent
state:SyncConnected type:None path:null
```

當用戶端與 ZooKeeper 叢集斷開時,用戶端也會收到 Disconnected 通知。要注意的是,當 Disconnected 通知產生時,用戶端已經和 ZooKeeper 叢集斷開,因此這一通知是用戶端自己產生的。

假設經過一段時間後,用戶端重新連接上了伺服器,如果這時沒有超過階段逾時時間,則用戶端會再次收到 SyncConnected 通知,表示連接成功;如果已經超過了階段逾時時間,則用戶端會收到 Expired 通知,表示階段已經過期。

Disconnected 通知是用戶端自己產生的,Expired 通知是用戶端重新連接到 ZooKeeper 上後,ZooKeeper 伺服器發送給用戶端的。

我們可以舉一個生活中的例子。我們玩遊戲時突然斷網了,這時我們內心會想「壞了,斷網退出遊戲了」,這就是 Disconnected 通知。過了一段時間後,我們連接上了遊戲,遊戲介面彈出「剛才你中途退出了遊戲」,這就是 Expired 通知。

連接監聽器列出的狀態一共有以下幾種。

- SyncConnected：成功連接到 ZooKeeper 叢集。
- Disconnected：與 ZooKeeper 叢集斷開連接。該通知是由用戶端自己生成的，而非由 ZooKeeper 叢集發出的。
- AuthFailed：認證失敗。
- ConnectedReadOnly：連接到了唯讀的 ZooKeeper 伺服器上。
- SaslAuthenticated：用於通知用戶端已透過 SASL 身份驗證，用戶端可以使用 SASL 授權的許可權執行 ZooKeeper 操作。
- Expired：與 ZooKeeper 的階段已經過期。
- Closed：用戶端關閉。該通知是由用戶端呼叫關閉命令時自己生成的，而非由 ZooKeeper 叢集發出的。

以上狀態要注意和 12.5.3 節所述的階段狀態進行區分。階段狀態是用戶端與 ZooKeeper 叢集的階段的狀態，而這裡是連接監聽器列出的通知中的連接狀態，這裡的狀態一部分是由於階段狀態改變而引發的，但並不全是。

12.6 叢集模式

在生產環境中，ZooKeeper 多以叢集的形式對外提供服務，以提高自身的容錯性能、併發性能。在這一節，我們將了解 ZooKeeper 叢集的安裝方法和基本原理。

12.6.1 叢集設定與啟動

ZooKeeper 叢集的安裝十分簡單，只需要在單機安裝的基礎上稍加改動即可。

首先，在每台機器的 ZooKeeper 的 dataDir 目錄下建立一個 myid 檔案（該檔案名稱無尾碼），在 myid 檔案中寫入該台機器 ZooKeeper 的編號，設定值 1 ～ 125。需要確保不同機器的 ZooKeeper 編號不會重複。

然後，打開設定檔 zoo.cfg，在設定檔的最下方列出所有機器 ZooKeeper 的位址、通訊埠資訊。其格式為：

```
server.A=B:C:D
```

- A：表示是第幾號伺服器，與 myid 檔案中設定的編號相對應。
- B：表示該伺服器的 IP。
- C：表示該伺服器與 Leader 伺服器交換資訊的通訊埠。
- D：表示該伺服器進行選舉時的通訊連接埠。

下面展示了叢集中某個 ZooKeeper 的 zoo.cfg 檔案範例。

```
tickTime=2000
initLimit=10
syncLimit=5
dataDir=D:/ProgramFiles/apache-zookeeper-3.5.7-bin/data
clientPort=12301
server.1= 192.168.31.20:2301:2401
server.2= 192.168.31.21:2301:2401
server.3= 192.168.31.22:2301:2401
```

要注意的是，在 ZooKeeper 的叢集部署中，至少需要三個 ZooKeeper 實例，並且建議實例是奇數個。

當然，如果只有一台機器也可以體驗叢集的設定，即用偽叢集的方式架設叢集。具體有兩種方案供大家參考。

- 第一種方案，將 ZooKeeper 的安裝檔案複製多份，每一份中都有不同的 dataDir 目錄和寫有這一份 ZooKeeper 編號的 myid 檔案，然後分別啟動這些安裝檔案。
- 第二種方案，在 ZooKeeper 的安裝檔案中複製多個 cfg 檔案，每個 cfg 檔案的 dataDir 目錄設定不同，且每個 dataDir 路徑下都有寫有不同編號的 myid 檔案。然後，透過指定不同 cfg 檔案的方式多次啟動 ZooKeeper。ZooKeeper 啟動時支持接收一個 cfg 檔案的位址參數。

無論使用上述哪種方式啟動偽叢集，都要確保各個 ZooKeeper 實例使用的 clientPort，與 Leader 伺服器交換資訊的通訊埠、選舉時的通訊連接埠不要衝突。

12.6.2 一致性實現

ZooKeeper 支援叢集部署，並可以保證整個叢集實現順序一致性。

 注意

一種普遍的錯誤認知是「ZooKeeper 實現的是最終一致性」，但是 ZooKeeper 實現的是順序一致性，無論是透過 ZooKeeper 的官方檔案還是實現原理都可以證實這一點。在 12.6.3 節，我們會列出證明。

為了保證順序一致性的實現，ZooKeeper 採用了一種名為原子廣播（ZooKeeper Atomic Broadcast，ZAB）支援崩潰恢復的演算法。整個演算法分為廣播階段、選主階段、恢復階段。

ZAB 演算法和 Raft 演算法有些類似，但更容易了解。如果已經學習完 3.6 節中的 Raft 演算法，那麼下面的內容就十分簡單了。

在介紹 ZAB 的實現之前，我們先介紹 ZooKeeper 伺服器叢集中的角色與狀態劃分。

✍ 角色與狀態劃分

ZooKeeper 叢集中的伺服器一共分為以下三種角色。

- Leader：叢集中最多只有一個 Leader。叢集喪失 Leader 後會立刻開始新 Leader 的選舉。它可以處理寫入請求，也可以處理讀取請求。
- Follower：叢集中可以有多個 Follower。它可以處理讀取請求，並將寫入請求轉發給 Leader 處理。當叢集喪失 Leader 後，它會參與新 Leader 的選舉過程。
- Observer：叢集中可以有多個 Observer。它可以處理讀取請求，並將寫入請求轉發給 Leader 處理。它不參與叢集的 Leader 選舉過程。它的存在是為了提升叢集的讀取請求回應能力。

ZooKeeper 伺服器在工作過程中處於以下幾種狀態之一。

- LOOKING：叢集已經喪失 Leader，或當前伺服器與 Leader 失聯。這種情況下，Leader 的選舉即將或正在展開。
- FOLLOWING：當前伺服器的角色是 Follower，且它與 Leader 保持聯絡。
- LEADING：當前伺服器的角色是 Leader。
- OBSERVING：當前伺服器的角色是 Observer。

了解了這些之後，我們介紹 ZAB 演算法的實現流程。ZAB 演算法一共包括三個階段：廣播階段、選主階段、恢復階段。

▨ 廣播階段

當整個叢集穩定工作時，叢集處在廣播階段。

在這一階段，叢集中存在一個公認的 Leader。Leader 可以處理讀取請求和寫入請求，Follower 和 Observer 可以處理讀取請求，並把寫入請求轉發給 Leader。

Leader 接收到寫入請求後，會把它當作一個交易處理，並為該交易分配一個遞增的交易編號 zxid。zxid 一共有 64 位元，其高 32 位元元記錄了 Leader 改變的次數，每次重新選列出新的 Leader，高 32 位元都會改變；其低 32 位元記錄了交易的編號。

Leader 會採用兩階段提交的方式來處理交易，其過程如下：

- Leader 向叢集中的 Follower 廣播這一交易。
- Follower 接收到 Leader 的交易廣播後，執行但不提交交易，並在執行結束後回覆 Leader。
- Leader 收到過半數的 Follower 回覆（包含自己的回覆）後，向所有 Follower 廣播交易提交。

這樣，一個交易就完成了。在這個過程中，Observer 不會參與其中，它只負責儘量從 Leader、Follower 中同步最新的交易，但是不會參與交易的準備、提交等過程。因此在接下來的討論中，我們可以直接忽略 Observer 的存在。

交易完成後，ZooKeeper 保證了過半數的伺服器（指 Leader 和 Follower，忽略 Observer）提交了該交易。

☑ 選主階段

在廣播階段，如果因為 Leader 當機或網路問題導致叢集分裂，則叢集中與 Leader 失聯的伺服器進入選主階段，重新選擇合適的 Leader。

在選主階段，預設採用的演算法是 Fast-Paxos 演算法。下面我們介紹其具體實現流程。

- 進入 LOOKING 狀態後，每個 Follower 開始廣播自己的 myid 與自己保存的最大的 zxid（最近處理的交易編號）。其含義是要推選自己為 Leader，並列出了自己保存的最大 zxid。
- 每個 Follower 也會收到其他 Follower 的廣播。它會改選持有最大 zxid 的伺服器（如果 zxid 相同，則選擇 myid 較大的伺服器）為 Leader，並廣播自己更新後的投票。
- 最終投票可能進行多輪，以最後一輪的資料為準。統計所有投票，最終得票過半數的 Follower 被推選為 Leader。

可見，經過選舉後，新的 Leader 持有最大的 zxid，這就表示它保存的交易是最新的。這時，進入恢復階段。

以上選主流程中，有幾點需要説明。

首先，ZooKeeper 中不會出現腦分裂。新 Leader 需要獲得全部伺服器過半數以上支援，如果 ZooKeeper 網路一分為二，則一分為二的兩個叢集中總有一個叢集的伺服器數目少於或等於半數，這個叢集是無法選列出新 Leader 的。

其次，凡是舊 Leader 提交過的資料不會因為選舉的發生而遺失。因為，只要是舊 Leader 提交過的資料就已經保存在了過半數的伺服器上，而在新 Leader 的選舉中要求新 Leader 獲得過半數的支持，必定有伺服器保存了這個 zxid。

▨ 恢復階段

選主階段產生了新的 Leader 後，就要進入恢復階段來同步各個伺服器的狀態。

每個 Follower 會向新 Leader 發送自己保存的最大的 zxid 值，這代表了該 Follower 自身的狀態進度。如果該狀態進度小於 Leader，那麼 Leader 會將最新的狀態進度同步給這個 Follower。

經過這樣的同步，叢集中各個伺服器的狀態都達到最新。這時叢集便完成了恢復，開始轉入廣播階段。

12.6.3 一致性等級討論

經過對 ZooKeeper 中 ZAB 演算法的學習，我們已經了解了 ZooKeeper 叢集的具體工作過程。接下來，我們討論 ZooKeeper 叢集以以上工作過程為基礎會達到何種一致性等級，並列出證明。

討論這種問題時，我們可以採用假設法。假設 ZooKeeper 滿足某個一致性等級，然後證明這一點。如果證明成功了，則嘗試證明 ZooKeeper 是否滿足更高的一級；如果證明失敗了，則嘗試證明 ZooKeeper 是否滿足更低的一級。最終，可以找出 ZooKeeper 滿足的一致性等級。

我們假設 ZooKeeper 滿足順序一致性，然後看能否證明這一點。

這時，我們列出第 2 章中的順序一致性的兩個約束。

- 單一節點的所有事件在全域事件歷史上符合程式的先後順序。
- 全域事件歷史在各個節點上一致。

只要我們在 ZooKeeper 叢集中找出一個符合上述約束的全域事件歷史，便證明了 ZooKeeper 叢集滿足順序一致性。

ZooKeeper 接收外界讀取寫入請求的階段為廣播階段，其他階段則在處理內部競選問題，不包括一致性。因此，我們聚焦討論廣播階段。

在廣播階段，只有 Leader 處理寫入請求，並且會給每個變更分配一個遞增的編號 zxid。zxid 列出的順序就是全域寫入事件的順序。可見，寫入操作是全域串列執行的，一定滿足線性一致性。

在廣播階段，各個節點都會處理讀取請求。讀取請求不會被分配 zxid，而是會被每個節點分別處理。要了解，這些讀取事件在節點間是獨立且不存在連結的（即從兩個節點上讀取同一個變數的值，這是兩個獨立的事件，在全域事件歷史上無先後順序要求），只在節點內部才有連結（即從一個節點上讀取同一個變數的值，這兩個事件在全域事件歷史上的先後順序要和在節點上的先後順序一致）。那麼，我們可以以節點為單位，將每個節點上的讀取事件逐一排放在 zxid 列出的全域寫入事件歷史的時間軸上，而完全不用顧忌不同節點間讀取事件的先後。這樣，一定能夠列出一個符合順序一致性約束的包含讀寫的全域事件歷史，即證明 ZooKeeper 的讀寫操作滿足順序一致性。

上述這段話十分繞口，也不便了解。我們接下來舉例説明。

假設存在圖 12.7 所示的事件歷史，最上面為全域寫入事件歷史，各個事件的順序由 zxid 標定；下面分別是 ZooKeeper 的兩個節點 node01 和 node02 上的讀取事件歷史。

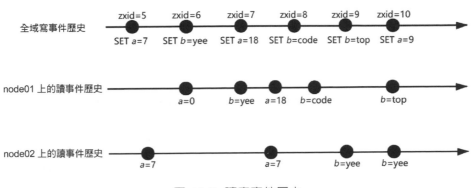

圖 12.7　讀寫事件歷史

首先，我們要了解各個節點上的讀取事件的歷史是自洽的。以圖 12.7 展現的這一小段歷史為例，如果 node01 在某次讀到了 "*b-codc*"，則接下來它一定不會讀到 "*b*=yee"。因為讀到 "*b*=code" 表示 node01 至少已經同步到了 "zxid=8" 的事件，不可能回復到更早的狀態。這一點，ZAB 演算法會保證任何節點都不會遺失已經同步的狀態。

接下來，我們可以將 node01 的讀取事件歷史映射到全域寫入事件歷史上。我們使用虛線表示映射，如圖 12.8 所示。在這個過程中，各個事件在節點內部是有連結的，因此，各個讀取事件在 node01 上的順序要和在全域寫入事件歷史上的順序一致，在圖上的表現就是虛線不會出現交換。顯然我們至少可以找到一組合理的映射，圖 12.8 就列出了滿足條件的一組。

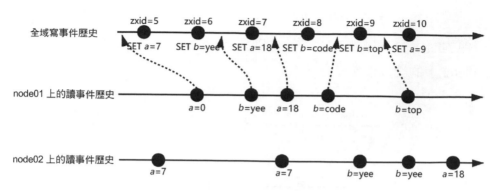

圖 12.8 將 node01 的讀取事件歷史映射到全域寫入事件歷史

然後，將 node02 的讀取事件歷史映射到全域寫入事件歷史上，我們使用點畫線表示映射，如圖 12.9 所示。同樣，點畫線不能出現交換。但是，不同節點上的讀取事件是不存在連結的，因此點畫線和虛線可以隨意交換。顯然，我們至少可以找到一組合理的映射，圖 12.9 就列出了滿足條件的一組。

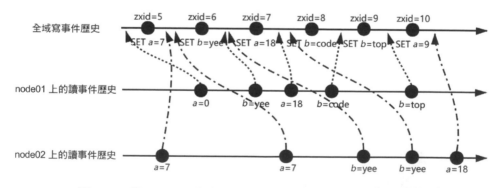

圖 12.9 將 node02 的讀取事件歷史映射到全域寫入事件歷史

如果有更多節點，那麼，我們可以把它們的讀取事件都映射到全域寫入事件歷史上。因為節點間的事件是不存在連結的，所以節點間的映射線可以隨意交換。這表示，我們在映射某個節點的讀取事件時，不會受到前面已經映射完成的節點的限制。因此，這個映射工作是肯定可以完成的。

最終，我們就將所有的讀取事件都映射到了全域寫入事件歷史上，進而獲得了一個完整的包含讀取、寫入的全域事件歷史。下面我們驗證該全域事件歷史是否滿足順序一致性的兩個約束。

- 單一節點的所有事件在全域事件歷史上符合程式的先後順序。這一點是滿足的，因為同一節點的讀取事件映射到全域寫入事件歷史上時沒有交換，因此單一節點上的事件歷史和全域事件歷史上的事件先後順序一致。
- 全域事件歷史在各個節點上一致。這一點是滿足的，所有節點有一個相同的全域事件歷史，就是我們透過映射得到的包含讀取、寫入的全域事件歷史。

可見，ZooKeeper 確實能夠實現順序一致性。

 備註

到這裡，我們已經證明 ZooKeeper 叢集中的節點能實現順序一致性。

但還需要一個條件，才能讓連接到 ZooKeeper 叢集的用戶端讀到完全滿足順序一致性的結果。這個條件是：用戶端中途不能切換自身連接的 ZooKeeper 伺服器節點。

如果某個用戶端先連接了 node01，讀取到了 "b=code"，然後與 node01 斷開又連接了 node02，則可能會讀取到 "b=yee"。這時，對於該用戶端而言，ZooKeeper 不滿足順序一致性。

不過這種情況的發生機率很低，通常可以忽略。

既然 ZooKeeper 能夠實現順序一致性，我們就要討論它是不是也滿足了線性一致性。

線性一致性在順序一致性的基礎上增加了一個約束：

- 如果事件 A 的開始時間晚於事件 B 的結束時間，則在全域事件歷史中，事件 B 在事件 A 之前。

從這一個約束出發，綜合考慮讀取事件和寫入事件，便可以證明 ZooKeeper 不滿足線性一致性。這裡的證明過程留給讀者自行思考。

 備註

線性一致性要求節點間事件滿足全域先後順序的約束，這就要求分散式系統必須協調出一個全域同步的時鐘。顯然，ZooKeeper 透過 zxid 為寫入操作協調出了一個全域同步的時鐘，以此對寫入操作進行先後順序的區分。

可是，有全域時鐘來區分讀取操作的先後順序嗎？有全域時鐘來區分讀取操作和寫入操作之間的先後順序嗎？

你是不是已經有了想法？那你能列出一個反例來證明 ZooKeeper 不滿足線性一致性嗎？

我們在論證 ZooKeeper 滿足順序一致性時，說節點間的映射線可以隨意交換。線性一致性能允許這種交換存在嗎？

當然，ZooKeeper 也能支援順序一致性，不過要使用 ZooKeeper 內建的交易功能。頻繁使用交易會影響 ZooKeeper 的併發性能。

備註

對 ZooKeeper 的誤解是「ZooKeeper 是一個最終一致性系統」。雖然，ZooKeeper 的官方檔案中已經明確説明 ZooKeeper 滿足順序一致性，而且在上文中，我們也進行了證明。但還是有必要思考下為什麼會造成這種普遍的錯誤認知。

存在這種錯誤認知的原因是當 ZooKeeper 遇到網路故障等時，確實會表現出最終一致性的特點，即大多數節點正常執行，少數節點的狀態不能更新。當網路故障消除後，少數節點才會恢復到最新的狀態。

顯然，按照這種説法，ZooKeeper 滿足最終一致性。

其實，ZooKeeper 確實滿足最終一致性，但這並不代表它只滿足最終一致性。

這就像「三角形中有兩個角」的説法。嚴格來看，這個説法沒有錯誤，畢竟從三角形中一定可以找出兩個角。但這個説法也不那麼正確，很容易造成誤導。正確的説法是「三角形有三個角」。

事實上，即使是出現了網路故障，ZooKeeper 也滿足順序一致性。因為仍然能夠找到符合順序一致性約束的全域事件歷史。

在分散式領域，很多大家習以為常的結論未必正確，如「Paxos 是一個完備的一致性演算法」「ZooKeeper 是一個最終一致性系統」「交易滿足 ACID，那麼分散式交易一定滿足強一致性」……這樣的混淆有很多，這正是大家學習分散式系統時感到混亂的原因，也正是我寫作本書的動力。我想透過本書，幫大家在分散式系統領域建立系統化的認知。

12.7 應用範例

在這一節中,我們以 ZooKeeper 提供為基礎的 Java 連接元件架設一個最為簡單的 ZooKeeper 使用範例,以便於讓大家更為清晰地了解 ZooKeeper 的使用。

依賴引入

在 Maven 中引入 ZooKeeper 的用戶端依賴套件,整個 POM 檔案如下所示。

```xml
<?xml version="1.0" encoding="UTF-8"?>
<project xmlns="http://maven.apache.org/POM/4.0.0" xmlns:xsi="http://
www.w3.org/2001/XMLSchema-instance"
    xsi:schemaLocation="http://maven.apache.org/POM/4.0.0 https://maven.
apache.org/xsd/maven-4.0.0.xsd">
    <modelVersion>4.0.0</modelVersion>
    <groupId>com.github.yeecode</groupId>
    <artifactId>easyzk</artifactId>
    <version>0.0.1-SNAPSHOT</version>
    <name>EasyZK</name>
    <description>Demo project for ZooKeeper</description>
    <properties>
        <java.version>1.8</java.version>
    </properties>
    <dependencies>
        <dependency>
            <groupId>org.apache.zookeeper</groupId>
            <artifactId>zookeeper</artifactId>
            <version>3.6.0</version>
```

```
        </dependency>
    </dependencies>
</project>
```

▨ 建立監聽器

在 Java 中，繼承 ZooKeeper 提供 的 "org.apache.zookeeper.Watcher" 介
面，並實現其中的 process 方法便可以建立監聽器。

下面的連接監聽器會在接收到連接通知時，列印通知資訊和當前監聽器
所在執行緒的名稱。

```
package com.github.yeecode.easyzk;

import org.apache.zookeeper.WatchedEvent;
import org.apache.zookeeper.Watcher;

public class ConnectionWatcher implements Watcher {
    @Override
    public void process(WatchedEvent event) {
        System.out.println("--連接事件--");
        System.out.println(this.getClass().getSimpleName() + "接收到事
件：" + event.toString());
        System.out.println(this.getClass().getSimpleName() + "所在執行
緒：" + Thread.currentThread().getName());
    }
}
```

編寫一個 znode 監聽器，它會在接收到 znode 通知時列印通知資訊和當
前監聽器所在執行緒的名稱。此外，該監聽器還會根據通知的類型獲取
目標 znode 的資料或目標 znode 的子 znode 資訊，並重新在目標 znode
上設定監聽。

```java
package com.github.yeecode.easyzk;

import org.apache.zookeeper.WatchedEvent;
import org.apache.zookeeper.Watcher;
import org.apache.zookeeper.ZooKeeper;

public class ZnodeWatcher implements Watcher {
    private ZooKeeper zk;

    public ZnodeWatcher(ZooKeeper zk) {
        this.zk = zk;
    }

    @Override
    public void process(WatchedEvent event) {
        System.out.println("--znode事件--");
        System.out.println(this.getClass().getSimpleName() + "接收到事
件:" + event.toString());
        System.out.println(this.getClass().getSimpleName() + "所在執行
緒:" + Thread.currentThread().getName());
        try {
            Event.EventType eventType = event.getType();
            if (eventType.equals(Event.EventType.NodeDataChanged)) {
                // 拉取目標znode的資料資訊並重新設定監聽
                System.out.println("目標znode的資料:" + new String(zk.
getData(event.getPath(), this, null)));
            } else if (eventType.equals(Event.EventType.
NodeChildrenChanged)) {
                // 拉取目標znode的子znode資訊並重新設定監聽
                System.out.println("目標znode的子znode:" +
zk.getChildren (event.getPath(), this));
            }
        } catch (Exception ex) {
            ex.printStackTrace();
```

```
            }
        }
    }
```

☑ 主流程編寫

接下來，我們編寫主流程函數。

在主流程中，令用戶端與 ZooKeeper 伺服器建立連接，然後建立一個 znode 為 "/yeecode"，並為該 znode 設定資料監聽器和子 znode 監聽器。

然後，修改 "/yeecode" 的資料和子 znode，從而觸發相關的監聽器。整個程式如下所示。

```
package com.github.yeecode.easyzk;

import org.apache.zookeeper.CreateMode;
import org.apache.zookeeper.KeeperException;
import org.apache.zookeeper.ZooDefs;
import org.apache.zookeeper.ZooKeeper;
import org.apache.zookeeper.data.Stat;

public class EasyZKApplication {
    public static void main(String[] args) {
        int expectedSessionTimeout = 1000000;
        try (ZooKeeper zk = new ZooKeeper("127.0.0.1:2181",
expectedSessionTimeout, new ConnectionWatcher())) {
            Thread.sleep(1000);
            System.out.println("--連接建立--");
            System.out.println("所在執行緒:" + Thread.currentThread().
getName());
            System.out.println("期望階段過期時間為:" +
expectedSessionTimeout + "ms;協商後的實際階段過期時間為:" +
zk.getSessionTimeout() + "ms。");
```

```
            // 延遲時間是為了等待事件監聽執行緒列印結束，防止兩個執行緒的資
訊混在一起
            Thread.sleep(1000);
            System.out.println("--建立znode /yeecode並監聽該znode--");
            zk.create("/yeecode", "Hello World".getBytes(), ZooDefs.Ids.
OPEN_ACL_UNSAFE, CreateMode.PERSISTENT);
            ZnodeWatcher znodeWatcher = new ZnodeWatcher(zk);
            System.out.println("znode /yeecode 的子znode：" +
zk.getChildren ("/yeecode", znodeWatcher));
            System.out.println("znode /yeecode 的值：" + new String(zk.
getData("/yeecode", znodeWatcher, new Stat())));
            Thread.sleep(1000);
            System.out.println("--建立znode /yeecode的子znode");
            zk.create("/yeecode/top", "yeecode.top".getBytes(), ZooDefs.
Ids.OPEN_ACL_UNSAFE, CreateMode.PERSISTENT);
            Thread.sleep(1000);
            System.out.println("--修改/yeecode的值--");
            zk.setData("/yeecode", "易哥".getBytes("UTF-8"), -1);
            // 延遲時間是為了防止主程式退出，這樣事件監聽執行緒可以繼續執行
            Thread.sleep(1000000);
        } catch (Exception ex) {
            ex.printStackTrace();
        }
    }
}
```

最終，我們可以在工作環境上看到如下所示的輸出。

```
--連接事件--
ConnectionWatcher接收到事件：WatchedEvent state:SyncConnected type:None
path:null
ConnectionWatcher所在執行緒：main-EventThread
--連接建立--
所在執行緒：main
期望階段過期時間為：1000000ms；協商後的實際階段過期時間為：40000ms。
```

```
--建立znode /yeecode並監聽該znode--
znode /yeecode 的子znode：[]
znode /yeecode 的值：Hello World
--建立znode /yeecode的子znode
--znode事件--
ZnodeWatcher接收到事件：WatchedEvent state:SyncConnected type:
NodeChildrenChanged path:/yeecode
ZnodeWatcher所在執行緒：main-EventThread
目標znode的子znode：[top]
--修改/yeecode的值--
--znode事件--
ZnodeWatcher接收到事件：WatchedEvent state:SyncConnected type:
NodeDataChanged path:/yeecode
ZnodeWatcher所在執行緒：main-EventThread
目標znode的資料：易哥
```

這個範例雖然簡單，但已經覆蓋了 ZooKeeper 的常見操作。在實際使用中，我們可以根據需求繼續擴充。

12.8 應用場景

ZooKeeper 的資料模型十分簡單，使用也不複雜。但是，由於 ZooKeeper 可以完成許多的分散式協調操作，其根本原因是：ZooKeeper 將分散式系統節點間複雜的分散式一致性問題轉移到了 ZooKeeper 內部並解決。

在不使用 ZooKeeper 時，分散式系統的結構如圖 12.10 所示。此時，各個節點之間要想保證一致性，便要處理複雜的一致性問題，需要包括前面章節介紹的一致性演算法、共識演算法、分散式約束等知識。

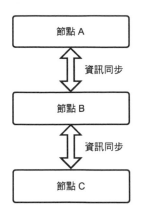

圖 12.10 不使用 ZooKeeper 的分散式系統結構

使用 ZooKeeper 以後，各個節點可以直接連接到 ZooKeeper 叢集上。ZooKeeper 叢集會自動分配各個節點的連接，並保證各個節點存取到的資訊的一致性。整個結構如圖 12.11 所示，此分時散式系統像是一個共用資訊池的叢集系統，大大地降低了分散式系統的實現成本，也提升了系統的可靠性。

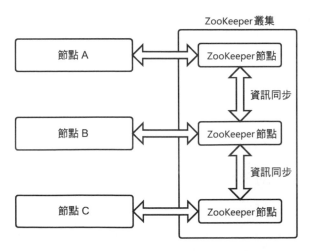

圖 12.11 使用 ZooKeeper 的分散式系統結構

12.8.1 節點命名

在分散式叢集中，各執行節點可能是同質的，即每個節點上執行的程式完全一樣。這時候為每個節點設定唯一性標識成了各個節點進行交流、通訊的基礎。

為分散式叢集中的各個節點指定各不相同名稱的過程常被稱為節點命名，以 ZooKeeper 為基礎便可以實現。

舉例來說，我們在 ZooKeeper 中建立一個 znode 為 "/name"。分散式叢集中的節點啟動後，都去 "/name" 下建立一個有序的子 znode，得到的子 znode 的名稱就可以作為該節點的名稱。

簡化版的節點命名功能實現程式如下所示。

```
/**
 * 節點全域命名函數
 *
 * @param zk 要使用的zk連接
 * @param namePrefix 要使用的名稱的字首
 * @return 當前節點註冊得到的名稱
 * @throws Exception 拋出例外
 */
private static String naming(ZooKeeper zk, String namePrefix) throws
Exception {
    Stat nameStat = zk.exists("/name", false);
    if (nameStat == null) {
        zk.create("/name", null, ZooDefs.Ids.OPEN_ACL_UNSAFE,
CreateMode. PERSISTENT);
    }

    String nodePath = zk.create("/name/" + namePrefix, null, ZooDefs.
```

```
Ids.OPEN_ACL_UNSAFE, CreateMode.EPHEMERAL_SEQUENTIAL);
    return nodePath.split("/")[2];
}
```

假設傳入的 namePrefix 變數為 "orderService"，則該命名方法將傳回類似 "orderService0000000023" 形式的名稱，該名稱是全域唯一的，可以作為分散式叢集中節點的名稱使用。

節點命名的實現主要以 ZooKeeper 為基礎的全域有序性這一特性。所有用戶端針對 ZooKeeper 的操作都是全域有序性的，因此在 "/name" 目錄下，不會建立出名稱相同的 znode。

12.8.2 服務發現

服務發現是指當業務叢集中一個服務提供方節點上線或下線時，應該被呼叫方感知到。

服務發現功能可以使用 ZooKeeper 實現。可以在 ZooKeeper 上設立一個 znode，如 "/service"。然後在其中以各個服務名稱建立子 znode，如 "/service/UserService"。當對應服務的節點上線時，可以在對應的服務 znode 下建立自身的 znode，如 "/service/UserService/node0000000001"，該 znode 是臨時的、有序的，而該 znode 中儲存的資料即該服務節點的對外服務地址。

服務呼叫方可以監聽自身感興趣的服務路徑，如 "/service/UserService"。當該路徑下的子 znode 發生變動時，服務呼叫方可以及時透過通知得知變動。服務發現範例如圖 12.12 所示。

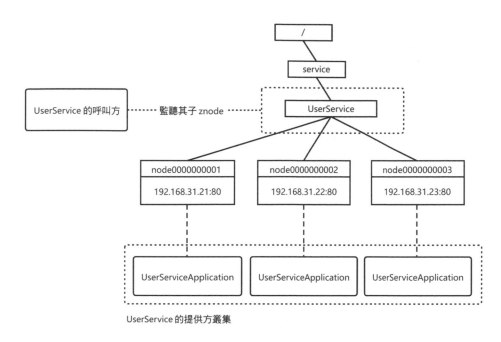

圖 12.12 服務發現範例

服務發現功能使用了 ZooKeeper 的臨時 znode 功能，從而將服務提供方節點的存在與否映射到了 ZooKeeper 的 znode 的結構上。服務發現功能也使用了 ZooKeeper 的通知功能，從而使得服務呼叫方能夠及時感知服務提供方節點的變化。

12.8.3 應用設定

在分散式系統中，可能存在一些針對所有節點的設定資訊。舉例來說，外部服務的位址、降級等級設定等。

這些資訊可以放置在一個統一的資料來源中供各個節點以一定的頻率查詢，但這樣會使設定資訊的更新存在落後。因此，還需要開發一個推送模組，當設定資訊發生變動時，將最新的設定推送到各個節點上，但這又要求推送模組掌握所有節點的位址資訊。

ZooKeeper 可以幫助我們方便地完成上述應用設定工作。業務應用中各個節點只需要在存放設定資訊的 znode 上設定監聽。當需要修改設定時，直接修改 znode 上的資料即可。這樣，各個業務應用節點都會收到通知，然後便可以拉取最新的設定資訊。

業務應用中的節點還可以分組在不同的 znode 上設定監聽，從而以組為單位使用不同的設定。

12.8.4 分散式鎖

我們可以以 ZooKeeper 為基礎實現分散式鎖。

ZooKeeper 不允許一個 znode 下出現名稱相同的子 znode，並且，ZooKeeper 可以保證操作的全域有序性。以以上兩點為基礎可以實現分散式鎖。

業務應用的各個節點可到同一目錄下建立一個名稱相同 znode，最終只能有一個節點建立成功。哪個節點成功建立了這個 znode，哪個節點便獲取了分散式鎖。

舉例來說，我們可以設定一個名為 "/lock" 的 znode，用於存放所有的鎖。假設有一個整理 FTP 中資料夾的操作只能由業務叢集中的節點進行，這時，各個業務節點可以嘗試建立名為 "/lock/organizeFtpFolders" 的 znode，即呼叫下面的 setLock 方法，傳入的 lockKey 參數為 "organizeFtpFolders"。

```
/**
 * 獲取鎖
 *
 * @param zk        要使用的zk連接
 * @param lockKey 要獲取的鎖的名稱
 * @return 是否獲取成功
 * @throws Exception
 */
private static boolean setLock(ZooKeeper zk, String lockKey) throws
Exception {
    Stat nameStat = zk.exists("/lock", false);
    if (nameStat == null) {
        zk.create("/lock", null, ZooDefs.Ids.OPEN_ACL_UNSAFE,
CreateMode. PERSISTENT);
    }

    String taskKeyPath = "/lock/" + lockKey;
    Stat taskKeyStat = zk.exists(taskKeyPath, false);
    if (taskKeyStat == null) {
        try {
            zk.create(taskKeyPath, null, ZooDefs.Ids.OPEN_ACL_UNSAFE,
CreateMode.EPHEMERAL);
        } catch (KeeperException.NodeExistsException ex) {
            return false;
        }
        return true;
    } else {
        return false;
    }
}
```

最終，多個業務節點中只能有一個節點建立名為 "/lock/organizeFtpFolders"
的 znode 成功，其呼叫的 setLock 方法傳回 true，這表示它獲取到了鎖，可以展開整理 FTP 資料夾的操作。而其他節點呼叫 setLock 方法傳回 false，即獲取鎖失敗。

因為鎖對應的 znode 是短暫性的 znode，當獲取鎖的業務節點與 ZooKeeper 叢集斷開時會自動釋放鎖。業務節點也可以在任務結束後呼叫下面的方法主動釋放鎖。

```
/**
 * 釋放鎖
 *
 * @param zk        要使用的zk連接
 * @param lockKey 要釋放的鎖的名稱
 * @throws Exception
 */
private static void releaseLock(ZooKeeper zk, String lockKey) throws
Exception {
    Stat nameStat = zk.exists("/lock", false);
    if (nameStat == null) {
        return;
    }

    String taskKeyPath = "/lock/" + lockKey;
    Stat taskKeyStat = zk.exists(taskKeyPath, false);
    if (taskKeyStat != null) {
        zk.delete(taskKeyPath, -1);
    }
}
```

ZooKeeper 能保證變更操作全域有序，且不允許出現名稱相同 znode，這使得我們可以將特定的 znode 作為鎖來使用。而 ZooKeeper 為 znode 提供的短暫特性又使得 ZooKeeper 能在鎖的持有者掉線後及時釋放鎖。當然，我們也可以使用 znode 的 TTL 特性，建立具有一定存活時間的鎖。可見，ZooKeeper 為分散式鎖的建立提供了極大的便利。

12.9　本章小結

分散式協調中介軟體整合了分散式系統需要的大量基礎服務，如共識服務、分散式一致性服務等。ZooKeeper 就是一個出色的分散式協調中介軟體。

在本章中，我們先簡介了 ZooKeeper 的安裝和使用。然後詳細介紹了 ZooKeeper 的資料模型，包括資料模型的樹狀結構，也包括樹狀結構中的節點 znode，並詳細介紹了 znode 的資料、狀態、特性、配額、許可權等知識。

之後，我們介紹了 ZooKeeper 的互動式命令列用戶端，並列出了用戶端支援的各類命令。還透過範例展示了互動式命令列用戶端的使用方法。這部分內容可以作為手冊供大家在使用互動式命令列用戶端時查詢。

12.4 節詳細介紹了 ZooKeeper 的 znode 監聽器。znode 監聽器具有一次性、順序性、分類別、輕量級、恢復性、單執行緒的特點。當監聽器被觸發時，ZooKeeper 會向對應的用戶端發送事件通知。也介紹了事件通知中各項內容的含義，並透過範例對監聽器的使用進行了介紹。

12.5 節詳細介紹了 ZooKeeper 的連接與階段，包括連接的建立過程、伺服器的切換過程，並複習了上述過程中的階段狀態轉移邏輯。然後，我們介紹了一類特殊的監聽器——連接監聽器，並進一步分析了連接監聽器的各種狀態。

12.6 節詳細介紹了 ZooKeeper 的叢集安裝方法，並從演算法角度分析了 ZooKeeper 如何實現叢集內各個節點的順序一致性。

12.7 節和 12.8 節分別介紹了 ZooKeeper 的使用方法和典型使用場景。以幫助大家快速上手 ZooKeeper，並用 ZooKeeper 解決一些分散式系統中遇到的實際問題。

ZooKeeper 是分散式系統中一個十分重要的中介軟體，了解它的工作原理和使用方法將幫助我們快速架設出一套成熟可靠的分散式系統。本章便是對 ZooKeeper 的全面介紹。

Part 4
複習篇

再論分散式系統

分散式系統包括的內容許多，很容易讓大家感到混亂。本章將在前面各個章節的基礎上，對相關知識進行整理，幫助大家建立一個完整的知識系統。

13.1 分散式與一致性

一個應用誕生之後，會不斷疊代發展，並在這個過程中逐漸變得龐大起來。這裡的龐大指兩個方面：一個是功能上，它包含的業務邏輯越來越多；另一個是性能上，它要服務的使用者越來越多。

功能的增加會帶來開發維護上的困難，性能的提升則需要更強大的硬體資源的支撐。可是開發維護能力和硬體資源都是有上限的，當應用變得足夠龐大時，拆分就成了必然。只有拆分，才能將功能、性能的壓力分散開來，於是單體應用就演變成了叢集應用、狹義分散式應用、微服務應用等各種結構形式。

圖 13.1 所示為應用的結構形式。

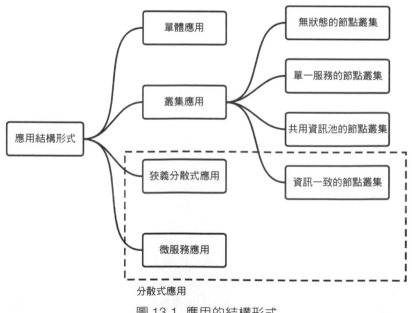

圖 13.1 應用的結構形式

在圖 13.1 展示的應用結構形式中，資訊一致的節點叢集、狹義分散式應用、微服務應用統稱為分散式應用。因為這些應用中的各節點使用多個一致的資訊池。即整個系統中包含多個資訊池，每個資訊池可以獨立提供資料讀寫能力，但它們又要一致地變更。

一致地變更是說當叢集中某個節點上發生變更並經過一定時間後，能夠從應用中的每一個節點上讀取到這個變更。這其實就要求叢集滿足一致性。

因此，應用節點使用多個一致的資訊池的另一種表述是：應用需要面臨分散式一致性問題。

究其根源，分散式一致性問題的產生來自下面的矛盾。

我們把單體應用拆分為分散式應用是為了分散功能和性能。但是在拆分之後，我們又想讓整個分散式應用像一個單體應用般對外提供服務。我們想要分散功能和性能但不想分散服務，這就是分散式系統面臨的矛盾。為了解決這個矛盾，我們在分散式系統中追求一致性，也就是要解決分散式一致性問題。

追求一致性並不是說放棄其他所有而只要求一致性，我們是想在不遺失分散式系統的分區容錯性、可用性的基礎上追求一致性。但是，CAP 定理直接闡明了在分散式系統中同時實現分區容錯性、可用性、一致性是不可能的。

BASE 定理提出了一種可行的想法。於是，我們在 BASE 定理的指引下建構了分散式系統。

然而這一切並不容易。架構和實現一套分散式系統需要我們在理論層面
釐清相關概念，需要我們在實踐層面實現相關功能，需要我們在專案層
面掌握相關中介軟體。這正是本書的主要內容。

13.2　本書脈絡

除去本章所屬的整理篇，本書一共分為三篇：理論篇、實踐篇、專案
篇。

理論篇介紹分散式系統的相關理論知識，是實踐篇、專案篇的基礎。了
解透徹這些理論能夠讓我們在實踐和專案中時刻知道自己正在用什麼方
法解決什麼問題，避免陷入迷茫與混亂。

實踐篇以理論知識為基礎實現分散式系統所需要的各項功能，是理論知
識的實踐。專案篇中介紹的分散式中介軟體也是由這些實踐專案進一步
完善和發展而來的。很多時候遇到一些不方便使用中介軟體達成或中介
軟體尚未提供的功能時，都需要我們運用實踐篇的內容來實現。

專案篇介紹了一些成熟的分散式中介軟體。這些中介軟體功能強大、執
行可靠、使用方便，可以直接應用在專案中。熟練掌握這些中介軟體將
使我們的專案開發工作事半功倍。

13.2.1　理論篇

理論篇包含分散式概述、一致性、共識、分散式約束等內容。該篇章在
理論層針對大家闡明了以下三個問題。

第一個問題，什麼是分散式系統？「分散式系統」是一個被廣泛使用的詞語，辨別一個系統是不是分散式系統，是探討後續問題的基礎。該部分從軟體系統由總到分的發展歷史講起，複習了軟體系統的各結構形式，最終列出了判斷分散式系統的標準：應用節點是否使用多個一致的資訊池。這些內容都包含在第 1 章中。

第二個問題，什麼是一致性？「一致性」也是一個在不同場景下被廣泛使用的詞語。在講解這一部分時，我們首先幫助大家釐清各種「一致性」概念，區分了 ACID 一致性、CAP 一致性（在第 3 章還進一步區分了共識、一致性雜湊）。然後，對一致性的強弱進行了明確的介紹，並介紹了常見的一致性演算法，包括兩階段提交、三階段提交。這些內容都包含在第 2 章中。

第三個問題，能否在分散式系統中實現一致性？ CAP 定理直接闡明了分散式系統中無法實現絕對的一致性，而 BASE 定理則列出了實現部分一致性的想法。這些內容在本書的第 4 章介紹。

上述三個問題之間的關係，如圖 13.2 所示。

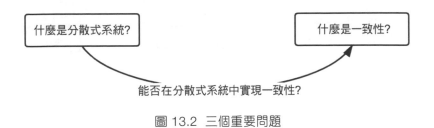

圖 13.2 三個重要問題

簡單來説，理論篇介紹了一個背景：分散式系統；列出了一個目標：一致性。然後探討能否在該背景下實現該目標，以及如何實現該目標。

在理論篇中，除上述三個問題外，還有一個重要的概念，就是「共識」。「共識」總會被錯誤地稱為「一致性」，而「共識」只是分散式系統在實現一致性的過程中必然要經歷的步驟。所以說，「共識」概念既和「什麼是一致性？」這一問題有關係，又和「能否在分散式系統中實現一致性？」這一問題有關係。了解好「共識」對於學習分散式系統非常重要。並且，共識領域中還包含了著名的 Paxos 演算法。

一致性和共識的關係如圖 13.3 所示。

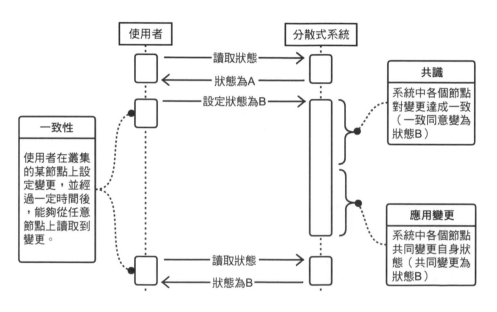

圖 13.3　一致性和共識的關係

在第 3 章中我們介紹了共識，並詳細說明了共識演算法 Paxos 及其演變形式。

13.2.2 實踐篇

在實踐篇中，我們以理論知識為指導，解決分散式系統設計和開發中的各項實際問題。

分散式系統面臨的最主要問題就是分散式一致性問題，為了解決這個問題，我們進行了下面的工作。

首先，我們實現了分散式鎖。這就是第 5 章的內容。

然後，以分散式鎖為基礎，我們實現了分散式交易。這是第 6 章的內容。

分散式鎖實現了分散式系統內的變數等級的原子變更；分散式交易則實現了分散式系統內的程式部分等級的原子執行。這兩者都為分散式一致性的實現提供了保證。

但分散式系統除了要面臨分散式一致性這一難題，還要面臨一些其他問題。

第一個問題，怎麼讓一群節點共同對外服務呢？服務發現就用來解決這個問題，確保外部系統能夠準確地找到提供服務的合適節點。這是第 7 章服務發現部分的內容。

第二個問題，節點之間怎麼高效通訊呢？服務呼叫用來解決這個問題。這是第 7 章服務呼叫部分的內容。

第三個問題，怎麼保證節點的正常執行呢？分散式系統往往由許多低廉的硬體組成，要確保它們不會被巨量的請求擊垮。這就是服務保護問題，在第 8 章中介紹。

內部節點間的服務呼叫使用的協定可能是特殊的，並不一定與外部協定相容，需要一個結構來完成內外協定的轉換；服務保護的實現也需要一個具體的結構來承載。以上這兩個需求就催生了閘道，這是第 8 章閘道部分的內容。

在以上各個問題的解決中，往往需要對一個介面展開重試呼叫，這要求介面滿足冪等性。因此，我們在第 9 章討論了冪等介面。

可見實踐篇中各內容都是為解決分散式系統中的四個問題而產生的，並且各內容之間也是相互連結的。四個問題和各內容之間的關係可以簡要表達為圖 13.4 所示的形式。

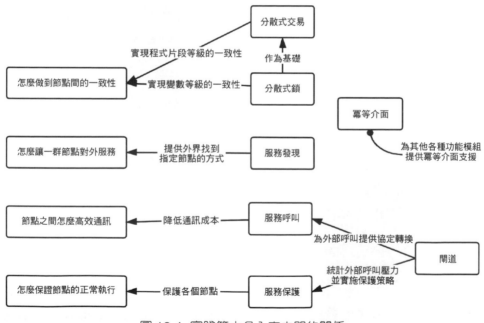

圖 13.4　實踐篇中各內容之間的關係

另外，圖 13.4 僅展示了各功能模組之間的主要關係，而非全部關係。當一個功能模組開發完成後，實際是為整個系統指定了對應的能力，其他功能模組都可以借助這種能力實現更為複雜的功能。因此，各個功能模組之間的依賴遠比圖 13.4 中表現得多。舉例來說，服務呼叫模組可以借助分散式鎖來防止請求被重複執行，服務發現模組可以借助分散式交易來實現節點的唯一命名，等等。

實踐篇的內容就是理論篇內容的實踐。透過實踐篇的學習，我們能更清晰地了解設計和開發分散式系統時面臨的實際問題和對應的解決方案。

13.2.3 專案篇

經過實踐篇的梳理，我們發現分散式系統中面臨的問題有很多，而且解決起來往往瑣碎和複雜。在每個分散式專案中都一一解決上述問題且不留下漏洞是很困難的。於是，產生了許多的分散式中介軟體。

第 10 章介紹了常見的分散式中介軟體的種類，以及它們提供的服務類型。在許多的分散式中介軟體中，典型的框架有兩類：一個是訊息系統，另一個是分散式協調系統。

訊息系統可以看作是一致性、可用性、分區容錯性三者中間的潤滑劑。首先，它將訊息生產者和消費者進行了解耦。解耦使得消費者即使不在線上，生產者也可以投遞訊息，這便保證了分區容錯性。其次，它保證了訊息的可靠送達。可靠送達使得最終一致性得以實現，進而保證了系統的可用性。

分散式協調系統則直接將分散式系統面臨的一致性問題轉移到了自身內部並加以解決。使用方可以像使用一個單體應用般使用一個分散式協調系統叢集，而不用去關心分散式協調系統叢集中的各個節點如何實現一致性。這大大地降低了分散式系統的架設門檻。

在專案篇中，我們對以上兩類中介軟體的設計思想、實現演算法、主要結構、典型使用案例都進行了介紹。

另外，專案篇中介紹的中介軟體是實踐篇中所述功能模組的升級和完善。這些中介軟體都經過業內頂尖開發者成千上萬次的提交，在功能性、可靠性、便利性、規範性等各維度上都具有優異的表現。閱讀這些中介軟體的原始程式不僅能讓我們掌握它們的架構想法、實現原理、使用方法，更能讓我們以此為圭臬找到自身架構能力、程式設計能力的不足，進而帶來自身架構能力和程式設計能力的飛躍。因此，推薦大家閱讀這些優秀開放原始碼專案的原始程式。

 備註

閱讀原始程式對於提升技術能力大有裨益，但是閱讀原始程式也確實很難。作者出版了《拉近和大神之間的差距：從閱讀 MyBatis 原始程式碼開始》(深智數位出版)，以真實 MyBatis 原始程式為例向大家複習原始程式閱讀的流程和方法。該書還對 MyBatis 的架構方式、實現技巧等進行了深入的剖析，有助提升讀者的原始程式閱讀能力、程式設計架構能力。

寫作本書時，《拉近和大神之間的差距：從閱讀 MyBatis 原始程式碼開始》已備受好評，感興趣的讀者可以閱讀，並希望它能在你的原始程式閱讀過程中為你提供幫助，讓你多一些收穫。

13.3 複習與展望

13.3.1 複習

從理論到實踐，從實踐到專案。本書力求展現分散式系統的全貌，為大家梳理出完整的知識系統。

完整的知識系統是十分重要的，它能讓我們在面對問題時有清晰的想法，而非「知其然卻不知其所以然」，陷入迷茫和混亂。

實際工作中，我們大多會直接使用成熟的專案框架，漸漸忽視理論知識的學習，這是很多讀者反映分散式系統學起來很混亂的原因，也是作者決定寫作本書的原因。

理論、實踐、專案之間的關係如圖 13.5 所示。

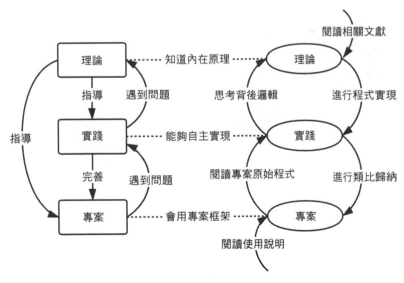

圖 13.5 理論、實踐、專案之間的關係

從圖 13.5 的左側可以看出，理論、實踐、專案是互相關聯的整體。

在圖 13.5 的右側，作者複習了理論、實踐、專案三個層級的學習路線。我們可以從閱讀使用說明入手掌握專案知識，然後逐步上浮，直到掌握理論知識；也可以從閱讀相關文獻開始掌握理論知識，然後逐步下沉，直到掌握專案知識。最終的目的都是建立起完整的知識系統。

希望這套學習路線能夠給你帶來啟發。另外，真心希望本書能夠解答你在分散式系統方面的疑惑，提升你的分散式系統架構能力。

13.3.2 展望

從單體應用到叢集應用，從分散式應用到微服務應用，軟體系統從未停止它的演化腳步。

分散式系統並不是終極形態，系統的演變過程仍在繼續。

目前，我們所討論的分散式系統多以對外服務為目的，如果各個節點不再追求對外服務，而偏重於節點間對等地互相服務，如完成檔案共用、訊息傳遞、串流媒體等工作，那麼系統便演化為對等（P2P）計算系統。

目前，我們所討論的分散式系統的各個節點在網路拓撲上都是相鄰的，如果各個節點在網路上分散開來，部署到各邊緣節點上，於是，節點間的通訊成本提高，而節點和使用者之間的通訊成本降低，那麼系統便演化為邊緣計算系統 [11]。

目前，我們所討論的分散式系統的各個節點都是完全可控的，如果各個節點的自主性進一步加強，完全不受控地加入和退出，且硬體資源等方面也進一步差異化，那麼系統便演化為網格計算系統 [12]。

此外，還有一些其他的演化形式，我們不再一一列舉。

以本書介紹的知識系統為基礎，研究以上任何一個領域都可以展開一幅浩瀚且有趣的知識畫冊。本書僅作提及，留給感興趣的讀者繼續探索。

Appendix

A

參考文獻

[1]   GeorgeCoulouris，Jean Dollimore，Tim Kindberg，著 . 金蓓弘，馬
       應龍，譯 . 分散式系統：分散式系統概念與設計 [M]. 北京：機械工
       業出版社，2013.

[2]   Andrew S. Tanenbaum，Maarten Van Steen，著 . 辛春生，陳宗斌，
       譯 . 分散式系統原理與範型 [M]. 北京：清華大學出版社，2008.

[3]   陳明 . 分佈系統設計的 CAP 理論 [J]. 電腦教育，2013（15）：109-
       112.

[4]   易哥 . 高性能架構之道：分散式、併發程式設計、資料庫最佳化、
       快取設計、I/O 模型、前端最佳化、高可用 [M]. 北京：電子工業出
       版社，2021.

[5]   驥朱萍 . 有限群表示論 [M]. 北京：科學出版社，2006.

[6]   邵學才 . 離散數學（修訂版）[M]. 北京：清華大學出版社，2010.

[7] 郭晉雲 . 環與代數（第 2 版）[M]. 北京：科學出版社，2009.

[8] 馮剛 . 離散數學 [M]. 北京：清華大學出版社，2006.

[9] 邱曉紅 . 離散數學 [M]. 北京：中國水利水電出版社，2010.

[10] 鄧輝文 . 離散數學（第 2 版）（電腦系列教材）[M]. 北京：清華大學出版社，2010.

[11] 施巍松，張星洲，王一帆，等 . 邊緣計算：現狀與展望 [J]. 電腦研究與發展，2019，56（1）：69.

[12] 徐志偉，馮百明，李偉，等 . 網格計算技術 [M]. 北京：電子工業出版社，2004，5.

Note

Note

Note

Note